LOIS ET MYSTÈRES

DES

# FONCTIONS DE REPRODUCTION

CONSIDÉRÉES

DANS TOUS LES ÊTRES ANIMÉS

SPÉCIALEMENT

## CHEZ L'HOMME ET CHEZ LA FEMME

*Avec deux planches coloriées*

REPRÉSENTANT LES ORGANES GÉNITAUX DES DEUX SEXES
ET LA CIRCULATION DU FŒTUS

PAR

LE Dr ANTONIN BOSSU

Médecin en chef de l'Infirmerie Marie-Thérèse
Chevalier de la Légion d'honneur
etc., etc.

**Classification des êtres vivants. — Fécondité. — Fécondation dans toute la série végétale et animale. — Fécondation dans l'espèce humaine. — Impuissance. — Stérilité. — Célibat. — Mariage. — Divorce. — Cas de nullité de mariage. — Après la Fécondation. — Fructification. — Incubation. — Grossesse. — Accouchement. — Délivrance. — Physiologie. — Hygiène. — Médecine.**

PARIS

BUREAUX DE L'*ABEILLE MÉDICALE*
5, rue Saint-Benoît, 5

ADRIEN DELAHAYE
Place de l'École-de-Médecine

1875

# LOIS ET MYSTÈRES

DES

# FONCTIONS DE REPRODUCTION

# LOIS ET MYSTÈRES
DES
# FONCTIONS DE REPRODUCTION
CONSIDÉRÉES
DANS TOUS LES ÊTRES ANIMÉS
SPÉCIALEMENT
## CHEZ L'HOMME ET CHEZ LA FEMME

*Avec deux planches coloriées*

REPRÉSENTANT LES ORGANES GÉNITAUX DES DEUX SEXES
ET LA CIRCULATION DU FŒTUS



PAR
LE Dr ANTONIN BOSSU
Médecin en chef de l'Infirmerie Marie-Thérèse
Chevalier de la Légion d'honneur
etc., etc.

**Classification des êtres vivants. — Fécondité. — Fécondation dans toute la série végétale et animale. — Fécondation dans l'espèce humaine. — Impuissance. — Stérilité. — Célibat. — Mariage. — Divorce. — Cas de nullité de mariage. — Après la Fécondation. — Fructification. — Incubation. — Grossesse. — Accouchement. — Délivrance. — Physiologie. — Hygiène. — Médecine.**

PARIS
BUREAUX DE L'*ABEILLE MÉDICALE*
5, rue Saint-Benoît, 5
ADRIEN DELAHAYE
Place de l'École-de-Médecine
1875

# PRÉFACE

En publiant ce livre, l'auteur commence par déclarer qu'il n'a aucune prétention à l'originalité.

Cependant il est persuadé que son œuvre, quoique ne contenant, au fond, rien de nouveau, est appelée à exciter l'intérêt à cause de son plan dans lequel sont rassemblées et systématisées dans une conception d'ensemble les matières diverses éparpillées dans différents ouvrages.

En effet, étudier les fonctions de Reproduction dans toute la série animale, dans les Végétaux eux-mêmes et principalement chez l'Espèce humaine, tel est le multiple sujet de ce volume. Or, c'est là un cadre neuf, ce nous semble, et qui promet l'intérêt accumulé de tous les écrits relatifs à la génération, aux rapports sexuels et à leurs écarts, à l'impuissance, à la stérilité, au mariage, etc., etc.

De plus, la classification des êtres organisés constitue comme un petit Traité d'histoire naturelle, qui répond à un autre besoin, celui de pouvoir distinguer par leurs caractères propres les classes d'êtres vivants dont les fonctions génésiques vont être passées en revue.

Il va sans dire que la partie de ce travail la plus étendue est celle qui concerne les Fonctions génitales de l'Homme et de la Femme : ce sont en effet les plus importantes à tous les points de vue.

Si l'Homme n'était qu'un simple mammifère, il n'y aurait pas lieu de s'y s'arrêter plus qu'à tout autre animal. Mais il est en même temps et par-dessus tout un être intelligent, moral et libre, en possession d'une sensibilité exquise et du privilége de ressentir en tout temps l'aiguillon des impulsions voluptueuses.

Or, ce privilége, qui devrait lui créer une source de jouissances pures, il en fait l'agent le plus puissant de sa ruine et de ses remords.

Il faut donc lui répéter sur tous les tons que sa santé et celle de sa progéniture, que son bonheur, dépendent d'une sage conduite dans l'exercice de ses plus importantes fonctions organiques.

Dans cet ouvrage, le devoir légitime, les jouissances permises, nécessaires même, côtoient les turpitudes de la débauche; néanmoins, il s'en dégage comme un parfum de saine philosophie; et ceux qui y chercheraient la satisfaction d'une curiosité malsaine se trompent.

Connaître les causes et constater les effets, c'est bien; mais cela ne peut suffire. Il faut combattre les unes et les autres, et le lecteur trouvera les moyens de parvenir à ce but. C'est surtout aux chapitres Impuissance et Stérilité que ce rôle acquiert le plus d'importance.

Une préface peut être très-courte lorsque l'œuvre qu'elle précède roule sur un sujet simple, étroitement déterminé; mais quand cette œuvre embrasse des questions nombreuses et diverses, il faut de plus longs développements pour en donner une idée suffisante. N'ayant ni le désir ni le loisir d'allonger cet avant-propos, nous nous contentons de renvoyer le lecteur au titre principal et aux tables, en lui donnant l'assurance que nous avons fait de notre mieux dans la composition de ces pages relativement peu nombreuses, mais où il y a pourtant un peu d'anatomie, de physiologie, d'hygiène, de pathologie, d'économie sociale, de jurisprudence, voire même de théologie, sans compter les conseils moraux et les prescriptions de l'ordre médical.

Deux planches gravées et coloriées représentent : la première les Organes sexuels de l'homme et ceux de la femme ; la seconde le Fœtus et ses annexes, pour l'explication de la circulation intra-utérine du produit de la conception. Enfin, trois vignettes intercalées dans le texte facilitent l'intelligence du mécanisme de l'Accouchement.

Le volume se termine par deux tables : l'une pour les chapitres, au nombre de douze ; l'autre pour l'ordre alphabétique des matières.

Août 1875.

# LOIS ET MYSTÈRES

DES

# FONCTIONS DE REPRODUCTION

CONSIDÉRÉES

DANS TOUS LES ÊTRES DOUÉS DE VIE

SPÉCIALEMENT

## CHEZ L'HOMME ET CHEZ LA FEMME

---

Dans tout être animé il existe deux fonctions fondamentales : la Nutrition et la Reproduction.

Elles résument plusieurs actes organiques secondaires, dont les uns ont pour but la conservation de l'Individu, et les autres la perpétuité de l'Espèce.

Ce double caractère appartient aussi bien aux Végétaux qu'aux Animaux.

Mais les Animaux possèdent un troisième ordre de fonctions : ce sont celles qui les mettent en relation avec les objets extérieurs.

De là, chez ces êtres, trois modes de vie :

La vie de NUTRITION,

La vie de RELATION,

La vie de REPRODUCTION.

Cette dernière fait l'objet spécial de ce livre.

Mais d'abord, qu'est-ce que la vie ?

Dans tous les temps, les philosophes et les savants se sont efforcés d'en sonder le mystère impénétrable.

Les uns, s'inclinant devant l'autorité biblique, considèrent la vie comme un principe distinct de la matière, principe émanant du souffle divin pour animer cette matière.

D'autres, invoquant les enseignements de la science et le libre examen, prétendent au contraire que la vie n'est qu'un attribut, une propriété de la matière organisée, qu'elle s'est manifestée en même temps que celle-ci, d'abord faible, isolée dans une cellule primordiale, pour se perfectionner ensuite peu à peu, au fur et à mesure que l'organisme, qui en est le *substratum*, évolue et se perfectionne lui-même.

Telle est la thèse que soutiennent les matérialistes, et parmi eux le célèbre naturaliste anglais, Darwin.

Après avoir expliqué à sa manière son système de sélection naturelle et de « corrélation de naissance », Darwin dit ceci : « Je pense que tout le règne animal est descendu de quatre ou cinq types primitifs tout au plus, et le règne végétal d'un nombre égal ou moindre. L'analogie me conduirait même un peu plus loin, c'est-à-dire à la croyance que tous les animaux et toutes les plantes descendent d'un seul prototype. »

Darwin convient toutefois que « l'analogie peut être un guide trompeur. »

Nous n'avons pas à nous occuper des causes premières : ce sont là des questions sans solution scientifique possible.

Constatons seulement un fait indéniable, à savoir que le mouvement vital, la vie, trace une ligne de démarcation absolue entre les corps qui composent l'univers, selon qu'ils sont inanimés, INORGANIQUES. ou animés, ORGANIQUES.

En effet, les corps inorganiques sont caractérisés par l'homogénéité de leur substance, l'uniformité et l'invariabilité de leur composition ; chacune de leurs molécules représente un tout complet, sans organes particuliers de nutrition et de reproduction.

Les corps organisés, au contraire, ont pour caractère spécifique de présenter des formes déterminées, des parties distinctes et dissemblables, dues à des combinaisons de corps élémentaires (oxygène, hydrogène, azote, sels terreux, etc.) sans cesse variables. Ils se nourrissent et se reproduisent ; ils vivent enfin.

Dans ce travail, il ne doit être question que des Corps organisés: encore ne les considérerons-nous que sous le rapport de leurs fonctions de Reproduction et du rôle que remplissent les organes de la Génération dans les diverses classes du règne végétal et du règne animal.

Les actes qui président à la reproduction des espèces ne sont pas d'une importance aussi grande que ceux au moyen desquels la nutrition s'opère, car les êtres animés se nourrissent et vivent alors qu'ils sont privés de la faculté d'engendrer, voire même des organes dévolus à cette faculté. Cependant la nature s'est complue à entourer les fonctions génératrices d'un luxe inouï de précautions et à attacher à leur exécution un attrait irrésistible. Si elles ne sont ni nécessaires à la vie individuelle ni constamment en action, elles s'imposent du moins, aux heures de leur règne, comme une puissance entraînante.

Remarquons encore que la sollicitude de la nature est telle à l'égard de l'instinct de Reproduction, qu'elle a doté ses enfants, en vue d'assurer leur fécondité, de moyens de protection d'autant plus multipliés et efficaces que ceux qui en sont l'objet sont plus faibles et plus dépourvus de résistance aux causes de destruction qui les environnent.

Les Végétaux n'offrent pas moins d'intérêt que les Animaux, au point de vue du rôle des sexes. Et bien que ces derniers doivent nous occuper tout spécialement, nous exposerons très-sommairement les divers modes de reproduction des premiers.

Pour nous conformer à l'énoncé du titre de ce livre, surtout si nous voulons être méthodique et aller du simple au composé, dans la longue série d'études qui va se dérouler, nous devons commencer par l'exposition des caractères généraux des êtres animés et leur Classification.

# CHAPITRE PREMIER

## CARACTÈRES ET CLASSIFICATION DES ÊTRES ANIMÉS

Nous l'avons dit déjà, les êtres doués de vie sont les Végétaux et les Animaux ; les premiers se nourrissent et se reproduisent, mais ils manquent d'organes de relation ; en effet, fixés au sol, ils ne sauraient que faire de ces organes.

Cependant, il est quelques Plantes, comme la Dionée, la Sensitive, etc., qui paraissent douées d'une certaine sensibilité, tout à fait inconsciente bien entendu.

La Classification annoncée doit commencer par les Végétaux.

## SECTION I^re.

### CLASSIFICATION DES PLANTES.

Une première division partage les plantes en deux groupes principaux :

1° Les Plantes dont les organes sexuels sont peu apparents, cachés ou non distincts : on leur a donné le nom de *Cryptogames* ;

2° Les Plantes dont les organes sexuels se distinguent parfaitement : ce sont les *Phanérogames*.

Les Cryptogames sont infiniment moins nombreux que les Phanérogames, du moins en genres connus.

Dans la grande majorité des Phanérogames, les organes sexuels mâles et les organes femelles sont réunis sur le même individu ; par conséquent ces plantes sont réellement hermaphrodites.

Les organes mâles sont les *étamines* ;

L'organe femelle est le *pistil* ou *ovaire*, situé au centre des étamines, qui elles-mêmes occupent le centre des enveloppes florales (calice et corolle).

Il y a des fleurs à un seul sexe, c'est-à-dire qui ne portent que des étamines ou qu'un pistil. Lorsque ces deux espèces de fleurs se trouvent réunies sur un réceptacle commun, ont dit que la fleur est *composée.*

Quand sur le même pied ou individu on voit des fleurs à un seul sexe *(fleurs unisexuées)* portées sur des pédoncules distincts, la plante est dite *monoïque.*

Quand une même espèce porte les fleurs mâles sur un pied et les fleurs femelles sur un autre pied, elle reçoit le nom de *dioïque.* Le Chanvre offre un exemple de ce genre

Au chapitre *Fécondation*, nous décrirons les organes sexuels des plantes et leurs modes d'action dans la reproduction des espèces.

## SECTION II.

### CARACTÈRES ET CLASSIFICATION DES ANIMAUX.

L'Animal diffère du Végétal, avons-nous dit, en ce qu'il se meut et qu'il se met en relation avec les objets extérieurs.

Outre la *nutrition*, la *relation* et la *reproduction* qui résument toutes ses fonctions, l'animal présente un caractère plus important encore, qui consiste dans l'existence d'un système nerveux, duquel dépendent la *Sensibilité*, l'*Instinct* et l'*Intelligence.*

Sur les confins des deux Règnes (Plantes, Animaux), on rencontre des êtres d'une structure si simple et dont les fonctions sont si obscures et si douteuses qu'on est dans l'incertitude relativement à leur nature végétale ou animale.

On est frappé de la grande variété de formes et d'organes sous lesquels les Animaux se présentent. Mais si on analyse ces organes et les phénomènes dont ils sont les instruments, on constate bientôt que tous ces êtres ont été conçus sur un même plan, et que l'on peut arriver par degrés successifs du plus simple au plus composé.

Le Règne animal se divise tout d'abord en quatre Embranchements :

1° Les ZOOPHYTES ou RAYONNÉS :

2° Les MOLLUSQUES :

3° Les ARTICULÉS :

4° Les VERTÉBRÉS.

Chaque embranchement se subdivise en Classes, Genres et Espèces (1).

Nous allons maintenant passer rapidement en revue les caractères distinctifs des divers groupes, ca-

(1) Cuvier, dont nous adoptons la classification, établit ses quatre Embranchements dans un ordre inverse, en commençant par les Vertébrés, etc Il nous a semblé qu'il était plus conforme à la marche de l'esprit humain d'aller du simple au composé et par conséquent de commencer par les Zoophytes pour terminer par les Vertébrés, au sommet desquels se trouve l'Homme.

ractères tirés de la forme du corps, de l'organisation intérieure et du mode de nutrition, de circulation, de respiration, de relation, etc., des animaux appartenant à chacun de ces groupes.

Il ne sera pas question ici des organes et des fonctions de reproduction, cette étude appartenant au chapitre Fécondation au quel nous la renvoyons.

A ceux qui pourraient considérer cette revue comme un hors-d'œuvre, nous leur dirions qu'il nous paraît indispensable que ceux à qui nous nous proposons d'expliquer la conformation des organes génitaux et leur mode respectif de fonctionnement dans les diverses classes d'Animaux, connaissent les autres conditions anatomiques et physiologiques de ces mêmes animaux.

## § 1er. — *Zoophytes* ou *Rayonnés*.

Ce premier Embranchement comprend les Animaux qui n'ont ni squelette intérieur ni organes de protection Leurs organes imparfaits sont disposés d'une manière plus ou moins radiaire par rapport à un axe central. Le système nerveux est tout à fait rudimentaire ou nul.

Les Zoophytes sont les uns microscopiques : tels les Infusoires : les autres visibles à l'œil nu : *Polypes*, *Acaléphes*, *Echinodermes*, etc.

INFUSOIRES (1re cl. de Zoophytes). — On nomme Infusoires ou *Animalcules* des animaux infiniment petits qui se développent dans les infusions végétales ou animales, les eaux croupissantes, etc. Quelques-uns ont une organisation tellement simple qu'ils semblent n'être en quelque sorte qu'un point ou une molécule allongée douée de mouvement. Un grand nombre ne paraissent avoir d'organes, ni pour la digestion, ni pour la circulation, ni même pour la génération ; et c'est leur mode de reproduction inconnu qui a soulevé la question de la *Génération spontanée*, dont nous parlerons plus tard.

Les Infusoires ont pour principaux ordres : les *Vibrions*, les *Amibes*, les *Protées*, les *Monades*, les *Vorticelles* et les *Rotifères*.

Les Rotifères ont un canal digestif avec deux ouvertures ; ils peuvent se contracter en boule, offrant à la partie antérieure de leur corps un double lobe cilié qui donne l'apparence de deux roues en mouvement, d'où est tiré leur nom.

POLYPES (2e cl. de Zoophytes). — Corps mou, cylindrique ou conique, percé, à l'une de ses extrémités, d'une ouverture centrale qui est la bouche, entourée de tentacules plus ou moins nombreux : l'autre extrémité est disposée de façon à adhérer aux corps étrangers sur lesquels le Zoophyte est destiné à vivre. Sa peau se durcit, en général, de manière à lui faire une enveloppe cornée ou calcaire. Chez les uns, l'orifice buccal tient lieu d'anus : *Coraux*, *Tubipores*, etc. ; chez d'autres, l'ouverture anale est placée tout près de la bouche : *Actinies*, *Zanthes*, etc.

ACALÈPHES (3e cl. de Zoophytes). — Les Acalèphes. appelés vulgairement *Orties de mer*, sont des animaux marins, gélatineux, de forme circulaire, rayonnée, qui flottent sur les eaux. Leur organisation est des plus simples : l'estomac communique au dehors par une seule ouverture ; des espèces de vaisseaux qui se ramifient dans les différentes parties du corps partent de cet organe digestif. — Quelques-uns de ces Zoophytes présentent des linéaments nerveux rudimentaires autour de l'ouverture buccale.

ECHINODERMES (4e cl. de Zoophytes). — Ces êtres marins ont en général une forme globuleuse ou étoilée ; la peau est épaisse, encroûtée de pièces calcaires ; elle offre une multitude de petits organes singuliers, espèces de tentacules ou cirrhes rangés dans une disposition radiaire, et au moyen desquels ces animaux rampent ou fendent l'eau.

Chez la plupart des Echinodermes, la cavité digestive a la forme d'un tube ouvert à ses deux extrémités: tels sont les *Oursins* ; chez d'autres, cette cavité consiste en un sac garni tout autour d'appendices rameux et qui communique au dehors par une seule ouverture qui sert à la fois de bouche et d'anus: telles sont les *Astéries*, par exemple.

### § 2. — *Mollusques.*

Les Mollusques sont des animaux mous, mucilagineux, non symétriques, dépourvus de squelette intérieur et extérieur, mais enveloppés d'une peau musculeuse appelée *manteau*, à la surface de laquelle se développe une *coquille* à une seule ou plusieurs valves: d'où leur nom vulgaire de *Coquillages*.

L'appareil digestif des Mollusques est très-développé ; une bouche ou suçoir s'ouvre dans l'estomac, ou en est séparé par un court œsophage ; les intestins sont contournés sur eux-mêmes et s'ouvrent au dehors par un pertuis anal, placé quelquefois très-près de la bouche.

On voit que nous arrivons à un degré de la série où l'organisation animale se perfectionne. En effet. l'appareil circulatoire est assez compliqué : il se compose d'un ventricule et d'une ou deux oreillettes au cœur: seulement le sang n'est pas rouge, il est incolore. — La respiration se fait au moyen de poumons ou de branchies, selon que l'animal vit dans l'air ou dans l'eau.

Les fonctions de relation se dessinent mieux encore. Les membres manquent, mais chez certains Mollusques, comme les *Hélices*, il existe à la partie inférieure du corps une espèce de disque charnu, appelé plateau, sur lequel l'animal appuie lorsqu'il rampe à la surface du sol ; chez d'autres, les *Calmars*, par exemple, la tête est environnée de longs appendices charnus, nommés tentacules, qui leur servent tout à la fois d'organes de locomotion, de tact et de préhension.

Le système nerveux apparaît ici plus distinct : il se compose de plusieurs ganglions, disposés sans symétrie, mais réunis entre eux par des filets de communication.

L'Embranchement des Mollusques se partage en cinq classes : ce sont les Acéphales, les Brachiopodes, les Gastéropodes, les Ptéropodes, et les Céphalopodes.

Acéphales (1re cl. de Mollusques). — Animaux sans tête distincte, nus ou à coquille bivalve : *Huîtres*, *Moules*.

Brachiopodes (2e cl. de Mollusques). — Pas de tête encore, mais ces animaux sont pourvus de tentacules mobiles et charnus : *Lingules*, *Orbicules*, etc.

Gastéropodes (3e cl. de Mollusques). — Tête distincte ; l'animal est pourvu d'une sorte de disque charnu sur lequel son corps appuie dans l'acte de la reptation : les *Bulimes*, les *Hélices*, les *Limaces*, en offrent des exemples.

Ptéropodes (4e cl. de Mollusques). — Tête distincte ; pas de tentacules, mais sur les parties latérales du corps existent de simples appendices membraneux en forme de lames ou nageoires : *Clios*, *Hyales*, etc.

Céphalopodes (5e cl. de Mollusques). — Ces animaux présentent, avec une tête distincte, de longs appendices charnus en forme de bras ou de tentacules qui leur servent à s'accrocher aux corps voisins : *Argonautes*, *Calmars* (Pieuvres), *Seiches*, etc.

## § 3. — *Articulés.*

Les Animaux compris dans ce troisième Embranchement se distinguent par leur corps composé d'une série d'articulations, ou mieux d'anneaux, qui sont plus ou moins mobiles ou rétractiles.

« Les anneaux qui entourent le corps et souvent

les jambes, tiennent lieu du squelette des Vertébrés ; et comme ils sont presque toujours assez résistants et durs, ils peuvent prêter aux mouvements tous les points d'appui nécessaires. En sorte que l'on trouve chez les Articulés, comme chez les Vertébrés, la marche, la course, le saut, la natation, le vol. Il n'y a que les familles dépourvues de pieds *(Sangsues)*, ou dont les pieds n'ont que des articles membraneux et mous *(Chenilles)*, qui soient bornées à la reptation.

Supérieurs aux Mollusques par leurs fonctions de relation, les Articulés sont moins bien partagés du côté des fonctions respiratoires. Ils respirent au moyen de branchies ou de trachées, plus rarement au moyen de sacs pulmonaires ; quelquefois enfin, manquant d'organes spéciaux, ils respirent par toute la surface du corps. Le système d'organes par lequel ils se ressemblent le plus, est celui des nerfs : deux cordons longitudinaux qui offrent de distance en distance des renflements d'où naissent des filets qui se distribuent aux différentes parties, tel est leur système nerveux.

Dans les Articulés, le canal alimentaire est toujours pourvu d'une ouverture d'entrée et d'une sortie ; les parois sont aussi distinctes de l'enveloppe générale du corps.

On distingue cinq ordres d'Articulés : les Annélides, les Crustacés, les Arachnides, les Myriapodes et les Insectes.

ANNÉLIDES (1re cl. d'Articulés). — Animaux dont le corps est très-allongé, mou, divisé par des replis circulaires en des espèces d'anneaux ou segments dont le nombre est très variable, et qui tantôt ont une tête distincte, tantôt en manquent. Ils n'ont pas de pieds, mais d'ordinaire une longue série de faisceaux de soies placés de chaque côté du corps et portés sur des tubercules charnus remplacent ces organes pour la progression, les mouvements et même la défense.

Les Annélides dépourvus de soies (*Sangsues*, par exemple) ont aux extrémités du corps des ventouses qui leur servent pour la locomotion.

Quant aux organes de nutrition, la bouche est armée d'une trompe protractile et de mâchoires ayant la forme de crochets cornés ou de suçoirs ; l'intestin est droit ou à peu près, simple ou avec renflements; l'anus occupe l'extrémité postérieure du corps.

Le système circulatoire est assez compliqué, mais il varie d'un annélide à l'autre ; pourtant la circulation est généralement double, c'est-à-dire artérielle et veineuse, bien qu'il n'y ait pas d'apparence de cœur : quelques vaisseaux contractiles en tiennent lieu. Le sang est rouge ou verdâtre, mais non incolore ou blanc comme dans les précédents ordres.

Le système nerveux consiste dans une série, simple ou double, de très-petits ganglions communiquant entre eux et qui se voient dans toute l'étendue du corps.

La classe des Annélides se divise en trois groupes, qui d'après la disposition des organes respiratoires, se distinguent en Tubicoles, Dorsibranches et Abranches. Voici leurs caractères respectifs.

*Tubicoles.* — Ces Annélides ont le corps renfermé dans un tuyau ou une coquille tubuleuse, calcaire, non adhérente au corps de l'animal, qui peut en sortir à volonté ; la respiration se fait par des branchies, qui sont en forme de panaches, d'arbustes, situés sur la tête ou à la partie antérieure du corps : tels sont les *Amphitrites*, les *Sabelles*, les *Serpules*, etc.

*Dorsibranches.* — Dans cette famille, les branchies sont placées sur les parties latérales du corps et ont la forme d'arbustes ramifiés ou de lames ; ces animaux sont les uns nus, les autres renfermés dans des tuyaux : *Amphionôme*, *Arenicole*, *Eunice*, etc.

*Abranches.* — Pas de branchies, ainsi que l'indique leur nom. La respiration se fait par la surface cutanée ou par de petites cavités intérieures que l'on pourrait comparer à des sacs pulmonaires.

Les Abranches se subdivisent en deux groupes secondaires : 1° les *Sétigères*, animaux qui présentent à la surface inférieure de plusieurs des anneaux du corps deux mamelons hérissés de soies raides et courtes : *Vers de terre* : — 2° les *Asétigères* ou suceurs, dont les anneaux sont dépourvus de mamelons et de soies : *Sangsues*.

CRUSTACÉS (2e cl. d'Articulés). — Le caractère essentiel de ces animaux consiste en ceci, que les différentes parties de leur corps sont recouvertes d'une enveloppe crustacée, calcaire, plus ou moins dure. Ils offrent une tête, qui est souvent peu distincte, un thorax et un abdomen ou queue ; au thorax sont attachées cinq ou sept paires de pattes, et à la queue existent des appendices ou fausses pattes, qui ont surtout pour usage de retenir les œufs, comme on le voit chez les *Ecrevisses*.

Les Crustacés sont classés parmi les Articulés, parce que chaque portion de leur corps est composée d'anneaux plus ou moins distincts dont le nombre, variable du reste, est en général de vingt et un. Chaque anneau se compose de deux demiarcs, l'un dorsal, l'autre ventral. Les arcs dorsaux se soudent quelquefois pour former une seule pièce, appelée *carapace.*

La nutrition et la relation possèdent des instruments assez parfaits déjà. La bouche varie selon que l'animal est masticateur ou suceur ; elle est aidée dans ses fonctions par deux petits pieds masticateurs placés près d'elle. L'œsophage est court, l'estomac spacieux, l'intestin grêle terminé par un rectum. Le foie est volumineux: on le connaît, chez le *Homard* par exemple, sous le nom vulgaire de *farce.*

Le cœur est composé d'une seule cavité ; il y a six artères, mais des lacunes remplacent les veines. — La respiration se fait différemment suivant que ces animaux vivent dans l'eau ou sur terre. Chez les premiers, qui sont de beaucoup les plus nombreux, elle a lieu par des branchies ; chez les seconds, c'est par des lames foliacées situées dans l'abdomen, ou par des branchies particulières destinées à maintenir ces lames dans un état d'humidité nécessaire à l'exercice de leurs fonctions.

Les yeux sont souvent portés sur des pédoncules mobiles. — Le tact s'exerce au moyen d'antennes et des pattes.

ARACHNIDES (3e cl. d'Articulés). — Corps mou.

offrant: tête, thorax et abdomen: quatre paires de pattes articulées. La tête se confond avec le thorax, qui ne porte ni carapace ni écusson. Pas d'ailes ni d'antennes. La peau est glabre et velue : telles sont par exemple les *Araignées*.

Chez ces animaux, la bouche est composée de deux mandibules se mouvant de haut en bas et terminées par un crochet mobile à l'extrémité duquel est la petite ouverture qui verse la liqueur venimeuse de l'individu, et de deux mâchoires avec lèvre inférieure seulement; la supérieure manquant.

La respiration se fait au moyen de trachées ou de sacs pulmonaires, placés d'ordinaire à la face inférieure de l'abdomen. — Le cœur est placé au haut du corps et composé d'un gros vaisseau renflé duquel partent des branches qui vont distribuer le sang dans toutes les parties.

Chez les Arachnides, les organes de la vue se composent de petits yeux lisses qui apparaissent comme des petits points, au nombre de deux à sept, diversement groupés sur le céphalo-thorax.

Cet ordre se divise en deux familles : 1° les Arachnides *pulmonés*, dont l'*Araignée* est le genre type ; — 2° les Arachnides *trachéens*, où l'on trouve les *Acares*; les *Mites*, etc.

MYRIAPODES (4e cl. d'Articulés). — Animaux articulés, à segments nombreux, à chacun desquels s'articulent une ou deux paires de pattes. L'abdomen n'est pas distinct du thorax. La tête est pourvue de deux antennes qui président au toucher; les yeux sont simples ou composés, quelquefois ils manquent tout à fait.

La bouche est composée de deux mandibules épaisses, sans palpes, formées de deux pièces articulées, au-dessous desquelles est une sorte de lèvre divisée en quatre pièces, également articulées. — Le tube digestif est droit. — La respiration se fait au moyen de trachées qui s'ouvrent par des stigmates sur les côtés du corps.

Les Myriapodes comprennent comme principaux genres les *Iules*, les *Scolopendres*, les *Scutigéres*, les *Géophiles*, etc., tous animaux terrestres.

Insectes (5e cl. d'Articulés). — Cette classe, extrêmement nombreuse et variée par ses formes, ses métamorphoses et ses habitudes terrestres ou aquatiques, marque un grand perfectionnement dans leur organisation. Les caractères génériques de ces êtres sont: corps composé d'une tête, d'un thorax et d'un abdomen distincts. Le thorax est formé de trois anneaux dont les arceaux du ventre portent trois paires de pattes; celles-ci se composent de la hanche, de la cuisse, de la jambe et du tarse. Le tarse est très-variable par sa forme et sert de base à la classification des genres. — L'abdomen est composé d'un plus grand nombre d'anneaux ; il y en a souvent jusqu'à neuf, mobiles les uns sur les autres.

Les Insectes sont d'une taille très-différente selon les genres, depuis celle qui ne peut être aperçue qu'au moyen du microscope, jusqu'à celle des grosses espèces, du *Scarabée-action* par exemple. La tête porte des yeux et des antennes.

Il est des Insectes qui ont des ailes, d'autres qui en sont dépourvus. Les Insectes ailés ont quelquefois quatre ailes au lieu de deux ; les deux supérieures, nommées élytres, sont d'une matière cornée et protégent les inférieures, dont la texture est fine, lamelleuse et nervurée.

Les Insectes sont pourvus des cinq sens : vue, odorat, ouïe, toucher, gustation. Nous n'en décrirons ni les organes ni le mécanisme.

Quant à la vie de nutrition, elle offre une certaine complication. La bouche est généralement composée d'une lèvre supérieure (*labre*), d'une lèvre inférieure et de deux paires de mâchoires latérales, dont la supérieure constitue les *mandibules* ; elle offre une disposition fort différente suivant que l'animal est *broyeur* ou *suceur*.

Chez les Insectes suceurs, qui ne vivent que de

matières liquides, la bouche présente presque toujours une espèce de trompe ou de suçoir rétractile et mobile que l'on a pris à tort pour une langue : c'est le labre, qui s'allonge de manière à constituer une espèce de trompe tubulaire. Cette disposition existe chez la *Puce*, les *Cousins*, les *Mouches*, etc.

Le tube digestif est droit et d'un diamètre presque uniforme chez les uns ; il est flexueux avec renflements et rétrécissements alternatifs chez d'autres. Court chez les Insectes carnassiers, il est plus long dans les herbivores.

L'appareil circulatoire des Insectes est simple, composé d'un vaisseau étendu le long de la paroi du dos et exécutant des mouvements de dilatation et de contraction successifs.

Le liquide nourricier pénètre dans ce vaisseau dorsal par des ouvertures latérales munies de valvules. Le mouvement du sang ne dépend pas uniquement de cet organe. Milne-Edwards a découvert chez plusieurs Insectes des valvules mobiles, dont les battements déterminent dans le sang des courants rapides, qui se manifestent principalement dans les pattes.

La respiration se fait par des *trachées* ou vaisseaux communiquant à l'extérieur par des ouvertures appelées *stigmates ;* si bien que le sang, au lieu de se mettre en contact avec l'air dans un point déterminé du corps, comme chez les Mammifères, reçoit l'influence de l'oxygène atmosphérique, par le moyen de ces stigmates, qui sont situés, en général, sur les parties latérales et supérieures de chaque anneau, excepté aux deux derniers segments du thorax.

Les Insectes ont été distribués en quatre groupes basés sur les changements par lesquels ils doivent passer, et qu'on nomme métamorphoses.

Dans le premier groupe sont les Insectes qui, après être sortis de l'œuf ou du ventre de la mère, ne subissent aucune transformation proprement dite : tels sont les *Poux*, les *Araignées*.

Dans la seconde classe, il ne se produit qu'un changement incomplet, comme chez les *Libellules*, les *Ephémères*, les *Cigales*, les *Sauterelles*, etc.

La troisième classe comprend les Insectes qui éprouvent un changement total et qui quittent leur peau pour paraître sous la forme de *nymphes* ou de *chrysalides*. Mais ici une subdivision s'impose, basée sur ce que l'enveloppe est fine et transparente : *Abeilles, Guêpes, Fourmis*, etc., ou que cette enveloppe est écailleuse, crustacée, opaque : *Papillons, Sphinx, Phalène*, etc.

Enfin, dans le quatrième groupe sont les Insectes qui deviennent nymphes sous leur propre peau, dont ils ne se défont pas : *Diptères, Mouches, Cousins, Moucherons*.

## § 4. — *Vertébrés.*

Les Animaux compris dans le quatrième Embranchement sont ceux pourvus de vertèbres, ou tout au moins de pièces osseuses qui en tiennent lieu. Le premier anneau de la série est constitué par le Poisson, le dernier par l'Homme.

Les Vertébrés se caractérisent essentiellement par la colonne vertébrale, colonne composée de vertèbres, c'est-à-dire d'une série de petits os épineux, percés d'un trou au milieu et qui s'articulent les uns avec les autres pour constituer l'axe de la charpente osseuse, axe désigné par les anatomistes sous le nom de *rachis*.

C'est dans cet embranchement que se trouve l'organisation animale la plus parfaite.

Mais de très-grandes différences existent, sous ce rapport même, suivant la classe à laquelle appartiennent les animaux, ainsi que nous allons le voir tout à l'heure, car ce ne sont que les grands traits, les lignes principales que nous traçons ici.

Le système nerveux, dans les Vertébrés, se compose : du cerveau, renfermé dans la cavité crânienne ; de la moelle épinière, contenue dans le canal rachidien ou vertébral ; des nerfs, qui naissent les uns du cerveau, les autres de la moelle épinière, pour se rendre et se distribuer dans tous les organes.

Le canal digestif est très-long, et offre des renflements de distance en distance.

Le cœur est généralement à deux cavités. Par exception, chez les Poissons. il est simple, c'est-à-dire à une seule cavité ; mais, dans toutes les autres classes, il est double ou à deux cavités.

Ces deux cavités communiquent l'une dans l'autre chez les Reptiles, mais chez les Oiseaux et les Mammifères, elles sont sans communication directe, c'est-à-dire que le sang qui arrive dans l'une (celle du côté droit) par les veines, ne repasse dans l'autre (celle de gauche) qu'après avoir traversé les poumons.

Le sang est toujours rouge.

Les organes de la respiration sont constitués par des branchies ou par des poumons, selon les espèces.

La locomotion a lieu au moyen de nageoires ou de membres (deux ou quatre), ou même sans les unes ni les autres, comme chez les Serpents.

Complétons ces courtes notions en passant en revue les quatre classes que forme l'embranchement des Vertébrés : elles sont constituées par les Poissons, les Reptiles, les Oiseaux et les Mammifères.

Poissons (1re cl. de Vertébrés). — Animaux aquatiques dont la forme extérieure varie, mais qui ont généralement le corps tout d'une venue. En effet, la tête est aussi grosse que le tronc, non séparée de lui par un rétrécissement (cou), et la queue ne se distingue guère du reste du corps. Le squelette est ordinairement osseux, mais dans un certain nombre d'espèces il est à l'état permanent de cartilage; chez quelques-uns même la charpente est toute membraneuse, ce qui forme le passage de cette classe aux Invertébrés. Absence de membres; ils sont ordinairement remplacés par de simples appendices rayonnés (nageoires), qui communiquent le mouvement au sein de l'onde qu'ils frappent. Ce mouvement si vif est favorisé par une vessie natatoire, espèce de poche oblongue contenue dans le corps du Poisson, et qui, se remplissant de fluide gazeux par une sorte de sécrétion et s'en débarrassant au besoin au moyen d'un canal communiquant avec l'estomac et l'œsophage, rend l'animal plus ou moins léger ou lourd.

Les yeux sont très-grands chez les Poissons; mais les autres sens sont généralement assez obtus.

Les organes de la digestion, l'estomac, les intestins varient quant à leurs forme et divisions. La position de l'anus n'est pas partout la même non plus ;

cette ouverture est située quelquefois à la base de la gorge. — Le foie est volumineux.

Le cœur est simple, avons-nous dit. Il se compose d'une oreillette et d'un ventricule; il ne reçoit que du sang veineux qui, poussé dans les branchies par le ventricule, est ensuite dirigé par l'artère dorsale dans toutes les parties pour revenir à l'oreillette par les veines.

La respiration est intéressante à étudier. Elle a pour organe spécial des *branchies*, filaments flexibles disposés sur deux rangs, très-riches en vaisseaux artériels. L'eau entre par la bouche et arrive aux branchies, auxquelles elle abandonne l'oxygène qu'elle tient en dissolution ; puis elle s'échappe par les *ouïes*. Et c'est ainsi que s'opère l'acte respiratoire du poisson.

Les Poissons forment deux ordres principaux, suivant qu'ils sont osseux *(Acanthoptérygiens)*, ou cartilagineux *(Chondroptérygiens)* ; un grand nombre de Familles se groupent autour de l'un et de l'autre ordre.

Reptiles (2e cl. de Vertébrés). — Ces animaux sont de formes très-différentes; mais tous sont pourvus d'un squelette. Les caractériser, cela ne se peut qu'en signalant leurs différences d'avec les autres Vertébrés. Ainsi quelques-uns ont des branchies dans les premiers temps de leur existence ; mais, à l'état parfait, ils respirent par des poumons. Il en est qui conservent les deux genres d'organes respiratoires : ils sont de véritables amphibies, comme la *Sirène*, le *Protée*, par exemple.

Les Reptiles ont le corps couvert d'une peau, qui est nue chez les uns, écailleuse chez d'autres, tandis que les Oiseaux ont des plumes. Ils manquent de mamelles, ce qui les distingue des Mammifères. Les uns sont dépourvus de membres, de pattes, comme les *Serpents* ; les autres, au contraire, en possèdent de bien agiles au nombre de quatre, exemple : le *Caméléon*. La plupart sont terrestres ; un certain nombre sont aquatiques, et quelques-uns amphibies; enfin il en est, comme les *Dragons*, qui peuvent s'élever dans les airs au moyen de membranes disposées en parachutes.

Les Reptiles sont des animaux à sang rouge et froid, à respiration pulmonaire en général ; leurs mouvements sont lents chez la plupart. On les divise en quatre ordres : les Batraciens, les Ophidiens, les Sauriens et les Chéloniens.

*Batraciens*. — Reptiles pourvus de quatre pattes, avec doigts sans ongles ; peau nue et sans écailles ; pas de queue, comme chez la *Grenouille*, le *Crapaud* ; ou présence d'une partie caudale, d'une queue, comme chez la *Sirène*, la *Salamandre*, etc.

Les Batraciens, sauf l'Axolott, subissent tous des métamorphoses. Ils sortent de l'œuf à l'état de *Têtard* et vivent quelque temps sous cette forme, respirant alors par des branchies, à la manière des poissons, c'est-à-dire que, dans cette première période de leur existence, ils sont exclusivement aquatiques. Plus tard, les poumons se développant, ils respirent de l'air ; enfin, parvenus à l'état parfait, ils jouissent d'une respiration aérienne complète. Les membres, d'abord cachés sous la peau, ne se développent que par l'évolution de la métamorphose: en même temps, la queue si apparente et si mobile du têtard disparaît.

Après s'être nourris de substances végétales dans les premiers temps de leur existence, les Batraciens deviennent carnassiers en arrivant à leur état parfait.

Ils forment deux familles : les B. anoures, ou qui sont sans queue: *Crapauds*, *Grenouilles*, *Rainettes*, *Pipas* ; — les B. urodèles, ou à queue apparente : *Sirènes*, *Protées*, *Tritons*.

*Ophidiens* ou *Serpents*. — Animaux vertébrés à corps allongé, arrondi, étroit, dépourvu de pattes et de nageoires. Tête à un seul condyle arrondi, cou non distinct ; absence de conque, de canal auditif externe et de paupières mobiles. — La bouche est garnie de deux pointes ou crochets acérés, marqués d'une rainure ou gouttière, et à la base desquels est une petite glande vésiculeuse qui sécrète un venin extrêmement subtil chez certains genres. Les mâchoires, par une disposition anatomique particulière, peuvent se dilater énormément, d'où la faculté que possède l'animal de déglutir des proies énormes.

Le canal intestinal est d'une longueur qui ne dépasse guère celle du corps ; l'estomac est peu distinct. La digestion est lente, ainsi que l'accroissement du corps ; mais la durée de la vie est très longue.

Le cœur est petit ; dans certaines espèces, il existe une communication entre le ventricule droit et l'aorte.

Il y a deux poumons en forme de sacs allongés, mais il n'y en a qu'un de bien développé, il s'étend sous l'œsophage, l'estomac, le foie, comprimant et atrophiant son congénère ; il n'y a ni côtes, ni sternum. — La respiration est peu active : elle peut d'ailleurs se suspendre au gré de l'animal.

Les Serpents ont la peau coriace, écailleuse ou granuleuse, recouverte d'un épiderme qui se détache en entier et se reproduit une ou plusieurs fois dans l'année. Quoi qu'on en ait dit, ces animaux ne font pas entendre un sifflement particulier.

*Sauriens* ou *Lézards*. — Vertébrés à corps allongé, pourvu de quatre pattes, rarement deux, avec doigts à ongles crochus : quelquefois, pourtant, absence de pattes. Peau fortement chagrinée ou couverte d'écailles, mais, à la différence des Serpents, présence de côtes et de sternum, paupières mobiles, dents enchâssées.

Séparés des Serpents, comme il vient d'être dit, les Lézards diffèrent des Batraciens en ce qu'ils ne subissent pas de métamorphoses; ils se distinguent des Chéloniens, dont les caractères vont être indiqués tout à l'heure, par l'absence de carapace.

Les Sauriens offrent néanmoins le plus de rapports avec les autres reptiles : vie, digestion, accroissement assez longs. Les uns sont aquatiques : *Crocodiles*, *Caïmans*; les autres terrestres : *Lézards*. Les *Dragons*, avons-nous dit déjà, se soutiennent dans les airs.

*Chéloniens* ou *Tortues*. — Animaux vertébrés, d'un caractère tout particulier : le corps, muni de quatre pattes, est protégé par une double-cuirasse, deux plans osseux qui constituent un véritable squelette extérieur. La partie supérieure de cette cuirasse se nomme *carapace*, l'inférieure *plastron*. Entre ces deux plans sont logés tous les organes, sauf la tête et les pattes, qui, toutefois, s'y réfugient elles-mêmes lorsque l'animal est attaqué.

Nous ne croyons pas nécessaire d'en dire davantage sur ces Reptiles : ajoutons seulement que les Tortues sont partagées en quatre familles : les unes *terrestres*, les autres *aquatiques*; celles qui se *cachent* tout entières sous leur double-bouclier, et celles qui ne *peuvent se cacher*.

Oiseaux (3e cl. de Vertébrés). — Ce sont des animaux conformés pour le vol. Toute leur organisation architecturale concourt à les rendre très-légers et en même temps doués d'une puissance musculaire très-grande, double condition pour qu'ils s'élèvent dans les airs et s'y dirigent.

En effet, les membres antérieurs sont développés en ailes, sortes de rames larges mues par des muscles vigoureux. Toutes les parties du squelette, grâce à leur porosité, joignent à une grande solidité une pesanteur relativement peu considérable. Enfin, des plumes, matière extrêmement légère, recouvrent le corps.

Remarquons que dans les membres-ailes qui correspondent aux membres antérieurs des autres Mammifères, on distingue, comme dans ces derniers, un humérus, un cubitus et un radius, voire même le carpe, organes très-développés chez la plupart des Mammifères, et qui atteignent leur perfection chez l'Homme.

Mais chez ces Vertébrés, toutes les vertèbres dorsales sont soudées, ainsi que les côtes et le sternum.

Le bec, chez les Oiseaux, tient lieu de dents; il n'y a pas de mastication, ou elle est très-imparfaite, mais, par contre, le gésier est puissant et digère les substances les plus dures. — Le tube digestif présente ordinairement trois estomacs espacés : le premier est le *jabot*, le second est le *ventricule succentorié*, le troisième le *gésier*. Le gros intestin se termine par une sorte de poche, appelée *cloaque*, qui est commune à l'urine, au féces et à l'ovulation.

La circulation est double chez les Oiseaux comme chez les Mammifères, c'est-à-dire que le cœur est composé de deux oreillettes et de deux ventricules. Le sang est rouge et très-riche.

La respiration se fait par des poumons; mais ceux-ci étant peu volumineux, une sorte de respiration supplémentaire se fait dans les sacs aériens et les canaux des os, dont le but spécial, nous le répétons, est de rendre la pesanteur spécifique de l'animal moindre.

Mammifères (4e cl. de Vertébrés.) — Ainsi que l'exprime cette dénomination, les animaux rangés dans cet ordre ont pour caractère essentiel, spécifique, d'être pourvus de mamelles. L'Homme y est compris; mais nous verrons bientôt par quelles qualités supérieures il se distingue de tous les autres genres.

Quoi qu'il en soit, les Mammifères sont les êtres qui jouissent des facultés les plus étendues, des mouvements les plus variés et des sensations les plus délicates, sans parler de leurs instincts où se mêlent une plus ou moins forte dose d'intelligence.

Ce sont, en outre, des animaux dont les formes présentent les proportions architecturales les plus harmonieuses. Ils sont vivipares, et, lorsqu'ils viennent au monde, ils ont déjà la forme extérieure et les principaux caractères anatomiques qu'ils conserveront pendant le reste de leur vie; mais ils ont encore besoin des soins de leurs parents, et ils tirent même leur alimentation du corps de ces derniers, leur mère les nourrissant pendant un temps plus ou moins long à l'aide du lait que sécrètent les glandes mammaires. Ils se distinguent, à première vue, de tous les autres animaux par les poils dont est recouvert leur corps.

Leur cerveau est plus développé que celui des autres espèces, et il acquiert, dans certains d'entre eux, un volume considérable. Leurs relations avec le monde extérieur sont aussi plus variées, plus complètes et plus actives. Même perfectionnement du côté des organes de digestion, de respiration, de circulation, et surtout de reproduction.

Nous verrons bientôt en quoi consiste le perfectionnement sous ce dernier rapport.

Les Mammifères se partagent en neuf ordres, qui sont : les Cétacés, les Ruminants, les Pachydermes, les Edentés, les Rongeurs, les Marsupiaux, les Carnassiers, les Quadrumanes et les Bimanes.

*Cétacés.* — Animaux marins, à génération vivipare ; allaitement mammaire. Ils ont été confondus autrefois avec les Poissons, à cause du milieu où ils vivent et de leur forme pisciforme ; mais ils ont des mamelles et c'est par ce caractère qu'ils en diffèrent essentiellement.

Les membres antérieurs sont remplacés par des nageoires ; les membres postérieurs manquent ; le corps s'allonge en une queue épaisse que termine encore une large nageoire. Aux membres antérieurs, il y a humérus, radius, cubitus, mais ces os sont très-courts.

Le groupe des cétacés forme deux familles : 1° les cétacés herbivores, tels que le *Lamantin*, le *Dugond ;* 2° les Cétacés ichthyophages ou qui se nourrissent de poissons : *Dauphin*, *Baleine*, *Cachalot*. Dans la première, les narines s'ouvrent à l'extrémité du museau ; dans la seconde, les narines sont percées à la partie postérieure de la tête, ce qui leur permet de lancer de l'eau par ces ouvertures, et ce qui leur a valu l'épithète de *souffleurs*.

*Ruminants.* — Mammifères ayant pour caractère spécifique de ramener les aliments dans la bouche après les avoir digérés une première fois dans l'estomac. Ils ont quatre membres, les pieds terminés par deux sabots qui se touchent par leur face interne plate. — Le cerveau est peu développé, et assez obtus sont les sens. — Leur caractère est paisible, leur régime herbivore.

Un autre caractère essentiel des Ruminants consiste en ce qu'ils sont pourvus de cornes, tantôt pleines et caduques, tantôt creuses et permanentes. Tels sont : le *Bœuf*, le *Cerf*, le *Chameau*, l'*Antilope*, le *Mouton*, etc.

*Pachydermes.* — Ainsi que l'indique étymologiquement le nom, ce sont des animaux qui ont la peau épaisse et dure, très-souvent nue. Tous, excepté le Cheval, ont le corps trapu et bas sur jambes. Ils ne ruminent pas, n'ont pas de cornes ni de bois au front. Leurs pieds sont constitués par des *sabots* ou enveloppes cornées qui confondent et immobilisent les doigts. Comme les précédents, ces animaux sont herbivores, ont le cerveau peu développé et l'intelligence en rapport. Toutefois l'*Éléphant* et même le *Cheval* sont bien supérieurs sous ce rapport aux Ruminants.

On distingue les Pachydermes en P. proboscidiens ou à trompe, comme l'*Eléphant* ; en P. ordinaires, qui ont quatre, trois ou deux doigts à leurs pieds, comme le *Cochon*, l'*Hippopotame* et les *Solipèdes*, ces derniers n'ayant qu'un doigt apparent et un seul sabot à chaque pied : *Cheval*, *Ane*, *Zèbre*, etc.

*Edentés.* — L'ordre des édentés ne comporte pas un caractère général précis : l'appareil dentaire sur lequel repose leur nom générique se compose de molaires et de canines seulement, sans incisives sur le devant de la bouche; quelquefois même toute dentition manque, comme chez le *Fourmilier*.

Ces animaux forment le passage entre les ongulés et les onguiculés. Ils sont pourvus d'ongles gros qui embrassent l'extrémité des doigts. Par la disposition de leurs membres encore plus que par le caractère, ils sont peu propres aux mouvements agiles et gracieux ; ce qui leur a fait donner le nom de *Paresseux*, *Tardigrades*. Les *Tatous*, les *Pangolins*, les *Fourmiliers*, etc., font partie de ce groupe.

*Rongeurs.* — Cet ordre de Mammifères a été, comme le précédent, fondé sur le système dentaire. Chez ces animaux, deux longues dents occupent la place des incisives à chaque mâchoire ; un espace reste vide de chaque côté à la place ordinaire des canines ; les molaires sont à couronne plane, marquée de lignes transversales ou de tubercules mousses, etc.

Les Rongeurs sont généralement de petite taille ; leurs membres postérieurs sont plus longs que les antérieurs, tous pourvus d'ongles aux doigts. Ils sont craintifs, herbivores ou frugivores pour la plupart; quelques-uns, le *Rat* par exemple, sont omnivores.

Le squelette des Rongeurs offre de nombreuses particularités que nous n'avons pas à signaler. Disons seulement que la clavicule est tantôt complète, tantôt incomplète ou presque nulle, et que l'on s'est servi de ce caractère pour la classification de ces animaux, qui sont partagés en rongeurs non claviculés : *Cabiais*, *Lièvres*, *Agoutis*, *Cobayes*, etc., et en R. claviculés : *Ecureuils*, *Marmottes*, *Gerboises*, *Castors*, *Rats*, *Loirs*, etc.

*Marsupiaux*. — Ce nom provient de ce que certains de ces Mammifères, qui furent observés les premiers, sont pourvus sous l'abdomen d'une poche membraneuse, d'une espèce d'utérus externe, renfermant les mamelles, où les petits séjournent pendant leur incubation supplémentaire et où ensuite ils trouvent une asile et un refuge contre les dangers. En effet, ces animaux n'ont qu'une vie intra-utérine très-courte, privés qu'ils sont d'un intermédiaire nutritif placentaire; et, expulsés de l'utérus dans un état d'imperfection extrême, ils subissent en dehors une gestation supplémentaire mammaire, greffés en quelque sorte à la tétine de leur mère pendant tous le temps que nécessite leur développement.

Du reste, au point de vue du système dentaire, les Marsupiaux pourraient appartenir les uns aux Rongeurs, d'autres aux Edentés, d'autres encore aux Carnassiers.

Il y a des Marsupiaux carnassiers très-redoutables dans le continent australien.

Cet ordre se divise en deux sous-ordres : celui des Marsupiaux proprement dits : *Kanguroo*, etc., et celui des Monotrêmes : *Ornithorinque*, *Echidné*, etc.

*Carnassiers.* — Animaux mammifères qui, comme leur nom l'indique, se nourrissent d'autres animaux ou de chairs vivantes. Quatre membres onguiculés propres à la locomotion ordinaire; trois sortes de dents: à chaque mâchoire trois paires d'incisives, une paire de canines et un nombre variable de molaires, de carnassières et d'arrière-molaires. — Cerveau toujours pourvu de circonvolutions à la surface des hémisphères.

De tous les quadrupèdes, les Carnassiers sont les mieux armés : leurs fortes canines et leurs griffes acérées et souvent rétractiles les rendent redoutables à toute la création; d'autant qu'ils possèdent des sens assez développés, la vue et l'odorat surtout.

On peut en former trois groupes :

1° Les *Chéiroptères*, caractérisés par un repli de la peau qui s'étend entre leurs pieds et qui leur permet de s'élever dans les airs : *Chauves-Souris*, *Galéopithèques*.

2° Les *Insectivores*, remarquables par les pointes aiguës qui surmontent leurs molaires : *Taupes*, *Hérissons*, *Musaraignes*, etc.

3° Les *Carnivores* ou Carnassiers proprement dits : bêtes féroces se nourrissant essentiellement de matières animales : *Lion*, *Tigre*, *Hyène*, etc.

Parmi les Carnivores, les uns appliquent toute la plante de leurs pieds sur le sol ; on les nomme *Plantigrades* : tels sont les *Ours*, les *Ratons*, les *Blaireaux*, etc. — D'autres n'appuient que l'extrémité de leurs doigts, ce sont les *Digitigrades* : *Martres*, *Chiens*, *Civettes*, *Hyènes*, etc. — Il en est dont les membres, impropres à la marche, constituent des sortes de rames pour la natation, ce sont les *Amphibies* : *Phoques*, *Morses*, *Otaries*, etc.

*Quadrumanes.* — Animaux qui ont quatre mains. On les désigne communément sous le nom de *Singes*.

Les *Singes* sont des Mammifères, propres les uns à l'ancien continent, les autres au nouveau, et qui, rigoureusement parlant, ont avec l'Homme une ressemblance plus ou moins grande dans les formes extérieures, les allures et les gestes. C'est en raison de ces caractères que, de tout temps, les savants et le vulgaire ont été incertains s'ils ne devaient pas les associer génériquement à notre espèce.

Toutefois, la famille des Singes forme une assez longue série, au bas de laquelle cette ressemblance avec l'Homme est beaucoup moins frappante, et dont l'infériorité est évidente au point de vue multiple des formes du cerveau et de l'intelligence ; ajoutons que le caractère spécifique qui distingue les Quadrumanes, à savoir le pouce opposable aux autres doigts, est aussi beaucoup moins marqué chez les *Ouistitis*, les *Colobes*, les *Eriodes*, etc., que chez les *Makis* et les *Singes* proprement dits.

*Bimanes.* — Animaux à deux mains. Mammifères caractérisés par des membres onguiculés, des mains à pouces opposables, et doués à la fois de dents incisives, canines et molaires ; tels sont les *Orangs-Outans*.

Plusieurs zoologistes n'admettent l'ordre des Bimanes que pour le constituer humain.

L'*Homme*, en effet, est tellement au-dessus du règne animal par la perfection de son organisation et par ses facultés morales et intellectuelles, qu'on a dû le considérer comme constituant un ordre à part : l'*Ordre hominal* (1).

(1) Voir pour l'étude anatomique et physiologique de l'homme notre *Anthropologie*, 6e édition.

# CHAPITRE SECOND

## LA FÉCONDITÉ

Le mot Fécondité, pris dans sa véritable acception, signifie aptitude à la fécondation, c'est-à-dire, pour l'homme, aptitude à féconder la femme, et pour celle-ci, aptitude à concevoir.

C'est en vertu de cette faculté que tous les êtres doués de vie, Végétaux et Animaux, peuvent reproduire leur espèce.

Pour le physiologiste, la Fécondité est ou n'est pas, la signification du mot est absolue. Mais dans le langage ordinaire il en est autrement : on dit tous les jours que la terre, la chaleur, etc., sont fécondes.

Nous-mêmes, dans ce travail, nous admettons bien des degrés, non-seulement dans le fait Fécondité, mais encore dans l'aptitude à la fécondation.

3.

Nous allons examiner cette faculté : 1° chez les végétaux, 2° chez les animaux. 3° dans l'espèce humaine.

## SECTION Ire

### FÉCONDITÉ DANS LES VÉGÉTAUX.

Ce n'est pas toujours par voie de génération que la reproduction s'effectue. Les Végétaux, qui ont généralement des organes sexuels comparables, quant au but à remplir, à ceux des animaux, ont besoin, pour leur reproduction, que le fruit résultant des rapports de ces organes soit mis en terre et qu'il germe. En outre, ils se renouvellent par bouture.

Nous n'avons pas à nous occuper de la *germination* ni de la *bouture.*

Considérée d'une manière générale, la Fécondité, dans l'ordre de la Nature, paraît d'autant plus puissante que les êtres qui la possèdent sont plus dépourvus de moyens de défense et de protection. Les Végétaux sont dans cette catégorie, d'autant qu'ils n'ont même pas la faculté de changer de place, et que leurs grains ou semences servent de nourriture à une multitude d'animaux. Aussi la multiplication de ces graines est-elle considérable, prodigieuse même parfois. Pour en donner une idée, il suffit de rappeler qu'une tige de maïs porte 2,000 graines, un pied de tabac 4,000, un platane 100,000, un orme 300,000.

## SECTION IIe

### FÉCONDITÉ CHEZ LES ANIMAUX.

Commençons par faire remarquer qu'il est des Animaux qui, comme les Végétaux, se reproduisent autrement que par voie de sexualité : ce sont ceux chez lesquels a lieu la Fissiparité, mode particulier dont nous reparlerons plus tard.

Quant à ces fécondités extraordinaires dévolues aux êtres faibles, le spectacle en est peut-être encore plus étonnant chez certains Animaux que dans les plantes. En effet, une seule Morue porte jusqu'à 9,000,000 d'œufs. La Carpe, — on en peut juger sur nos tables, — contient une masse d'œufs relativement énorme : Blooch en a trouvé 100,000 dans un de ces poissons du poids de 500 grammes.

Les insectes sont d'une fécondité extraordinaire ; ne sont-ils pas, en effet, exposés à mille dangers ?— Une portée de Papillon est de 4 à 5 cents œufs ;— une reine Abeille en pond 12,000 en deux mois ; — une seule Mouche, suivant Leuwenhoeck, peut produire

746,496 mouches semblables à elle-même; — un seul accouplement, chez les Pucerons, féconde 7 à 8 générations de ces insectes.

La fécondité se montre moins grande à mesure qu'on l'examine dans des degrés plus élevés de l'échelle animale.

Ainsi les Oiseaux, pour la plupart, ne pondent que 6 à 12 œufs. — Si la Mésange en donne jusqu'à 20, — les Rapaces n'en produisent que 2.

Il est vrai de dire que souvent le petit nombre est compensé par des couvées successives. On sait d'ailleurs que chez la Poule, une seule approche du mâle suffit pour féconder les œufs qui seront pondus pendant vingt jours.

Les Mammifères ne présentent rien de comparable à ce qui se passe dans les classes inférieures sous le rapport de la fécondité. En effet, ces animaux, tous vivipares, portent un nombre relativement très-limité de petits : 1 à 10 ou 15 au plus. Ceux dont la portée est la plus nombreuse sont : le Lapin, le Chat, la Truie. Celle-ci met bas jusqu'à trois et quatre fois dans l'année.

La Fécondité est rendue plus puissante chez les Mammifères lorsqu'ils reçoivent une nourriture abondante. Cela se remarque aussi dans l'espèce humaine.

Si une seule espèce, végétale ou animale, obéissait librement à la loi d'une multiplication suivant une progression géométrique dont la raison serait exprimée par le nombre des graines ou des petits qu'une mère peut produire dans le cours de sa vie, elle aurait rapidement envahi la terre. Linné avait déjà calculé que si une plante produisait deux graines dans l'année, puis chacune des deux graines des deux nouvelles plantes deux nouvelles graines l'année suivante, et ainsi de suite, le nombre des plantes produites s'élèverait à un million en vingt ans. Darwin cite l'Eléphant qui n'a qu'un petit à la fois; il suppose en outre que chaque femelle ne produit que trois couples de jeunes en quatre-vingt-dix ans. Au bout de cinq siècles, quinze millions d'individus n'en seraient pas moins descendus de la paire primitive.

On peut rendre cette argumentation plus frappante en prenant par exemple un animal de très-petite taille, tel que le Puceron. « Dans des données recueillies par Bonnet et d'autres naturalistes, dit M. de Quatrefages, il résulte que si pendant un été les fils et petits-fils d'un seul Puceron arrivaient tous à bien et se trouvaient placés à côté les uns des autres, à la fin de la saison ils couvriraient environ quatre hectares de terrain. Evidemment, si le globe entier n'est pas envahi par les Pucerons, c'est que le chiffre des morts dépasse infiniment celui des vivants Enfin il est clair que si la multiplication des Morues, des Esturgeons, dont les œufs se comptent par centaines de mille, n'était arrêtée d'une manière quelconque, tous les océans seraient comblés en moins d'une vie d'homme.

L'équilibre général, on le voit, ne s'entretient qu'au prix d'innombrables hécatombes.

## SECTION III.

### FÉCONDITÉ CONSIDÉRÉE DANS L'ESPÈCE HUMAINE.

La Fécondité est, en soi, un mystère, comme l'est la vie ; nous ne pouvons en étudier que les effets, et remonter aux causes et aux conditions qui influent sur son pouvoir en favorisant ou entravant l'aptitude à la procréation.

Elle ne se traduit pas chez l'Homme par des manifestations extérieures probantes. Les faits positifs ne sont même pas convaincants : de ce que l'union sexuelle a paru probante, on ne peut conclure à la fécondité réelle du mâle : pour autoriser cette conclusion, il faut que l'expérience ait été faite en se mettant à l'abri de toute cause d'erreur.

Chez la Femme, c'est autre chose : la fécondité se prouve par ses effets. Mais lorsque, fidèle au mariage, la femme ne conçoit pas, on ne peut conclure à sa stérilité, car on voit très-souvent qu'en contractant une nouvelle alliance, elle devient mère.

Le pouvoir fécondant peut être influencé, augmenté, diminué, annihilé par diverses causes, qui sont 1° les unes d'ordre général, 2° les autres d'ordre individuel.

## § 1er. — *Influences générales sur la Fécondité.*

Ces influences se rapportent à la race, au climat, aux saisons, aux localités, aux mœurs, aux habitudes, au genre de nourriture, aux professions, etc., etc.

Race. — L'aptitude à procréer est soumise à tant d'influences qu'il est extrêmement difficile d'apprécier sa plus ou moins grande puissance. Aussi croyons-nous que cette aptitude serait égale dans les diverses races, si la misère, le despotisme, les persécutions, les préjugés, l'abus des jouissances précoces, etc., ne l'affaiblissaient pas.

Quoi qu'il en soit, on sait que les Chinois mettent au monde beaucoup d'enfants ; que les Nègres ont une nombreuse postérité, malgré les conditions défavorables résultant de leur servitude, de leur climat, car le ciel ardent est généralement considéré comme peu propice aux unions fécondantes.

Climat. — Abstraction faite des causes qui amènent des destructions dont la faculté procréatrice est bien innocente, il est certain que la population diminue à mesure que l'on s'avance des pôles vers l'équateur. Toutefois, ce sont les contrées à température moyenne, modérément froide, qui se font le plus remarquer par leur fécondité. On a de tout temps célébré la fécondité des Suédoises. Lord Kaines rapporte qu'en 1807, « le roi de Danemarck, voyant l'Islande dépeuplée par une contagion, déclara par une ordonnance que toute fille qui ferait jusqu'à six enfants ne serait pas deshonorée. Les Islandaises furent si jalouses de concourir à la population de leur patrie qu'il fallut bientôt arrêter par une loi le débordement des enfants. »

En Russie, les naissances sont aussi très-nombreuses. D'où venaient ces hordes de barbares qui. à la décadence romaine, se ruèrent sur les Gaules, l'Espagne et l'Italie ? Elles étaient venues par les contrées nord de l'Europe et par les antres de leurs immenses forêts. Quoique les temps et les conditions d'existence soient bien changés, c'est encore de ces mêmes contrées que sont venus les douze cent mille soldats qui se sont précipités sur la France en 1870.

La chaleur atmosphérique relâche les tissus. énerve les constitutions, affaiblit, amollit les individus par les pertes sudorales, le ralentissement des fonctions de nutrition, l'appauvrissement du sang: c'est à cause de cela que les régions équatoriales, malgré la beauté du climat, qui dispose à l'amour, sont celles où le précepte, de l'écriture, «*croissez et multipliez* », est le moins réalisé ; là, d'ailleurs, l'excès des plaisirs faciles résultant de la polygamie épuise les hommes, et l'abus des bains que font les femmes les rend moins fécondes en relâchant leurs organes et en émoussant avec leurs désirs la vitalité de l'utérus.

Et pourtant les femmes méridionales passent pour être plus ardentes que celles des contrées froides. C'est que précisément cette ardeur dépasse la limite la plus favorable, qu'elle imprime au système utérin une activité trop grande qui prédispose à l'irritation inflammatoire, aux pertes menstruelles, aux avortements, etc.

Saisons. — La saison n'est pas sans influence sur la faculté d'engendrer. On en juge par ce fait que les naissances sont plus nombreuses à certaines époques de l'année qu'à d'autres. Dans notre climat, en France par exemple, il vient au monde un plus grand nombre d'enfants dans les mois de janvier, février et mars; preuve que les rapports sexuels sont plus fréquents ou plus féconds, dans les mois d'avril, mai et juin. D'où cette conclusion que le printemps est la saison la plus favorable à la procréation dans l'espèce humaine comme dans tout le règne animal.

Localités. — Les lieux élevés, arides, venteux, sont moins peuplés, moins fertiles que les bas-fonds, les vallons arrosés par des cours d'eau. L'humidité atmosphérique semble agir sur l'aptitude des êtres à la fécondation comme sur la fertilité du sol. L'Égypte s'est montrée dans tous les temps plus riche en productions terrestres et en population que les contrées voisines. Ne sait-on pas que l'eau du Nil a passé pour rendre les femmes fécondes ?

Les Pays-Bas, la Hollande, les plaines de la Lombardie et divers lieux en France où règne une atmosphère sans sécheresse aride, se font remarquer par une natalité très-grande, eu égard au chiffre de la population, toutes autres causes de fécondité ou d'infécondité étant éliminées.

Quant aux villes comparées aux campagnes, chacun sait que les citadins font moins d'enfants que les paysans ; mais la cause en est dans des conditions sociales particulières que nous allons retrouver en parlant de l'aisance, de la misère et des mœurs, etc.

Aisance et misère. — Les pays pauvres ne sont pas ceux qui se font remarquer par une population exubérante : la fécondité animale y est en corrélation avec la fertilité du sol. D'un autre côté, il n'est pas moins certain que les deshérités de la fortune se multiplient bien plus que les riches. Pourquoi cela ? Uniquement parce que le riche est dominé par le souci d'augmenter sa fortune, de ne pas la voir se trop diviser, et surtout parce qu'il ambitionne pour sa progéniture une destinée qu'il croit devoir être d'autant plus belle qu'elle sera fondée sur la richesse. Et puis, dans les classes fortunées, souvent la femme légitime est délaissée par le mari, qui va porter ailleurs, sinon son amour et son affection, du moins l'exubérance de ses désirs de luxure.

D'autres fois, il y a peu d'enfants dans le mariage par une cause inverse : le luxe et l'abus des plaisirs ont usé prématurément les ressorts de la vie.

Rien de tout cela n'a lieu en général dans les classes pauvres ou chez les campagnards. Ceux-ci, au contraire, voient arriver les enfants comme un présage de richesse à cause de leur travail futur, sur lequel ils comptent.

Un auteur prétend que la Fécondité de la femme est en rapport direct avec l'intensité des privations qu'elle endure ; et il explique ce fait, que la physiologie n'a pas enregistré, par cette considération que la force plastique ne trouvant pas à épuiser son action dans l'élaboration des matériaux destinés à l'entretien de l'individu, emploierait son surcroît d'énergie au bénéfice d'une fonction d'un autre ordre, celle de reproduction.

En tout temps et en tout lieu, quel que soit le climat et dans quelque classe de la société qu'on le considère, le chiffre des naissances s'élève dans les années d'abondance et s'abaisse dans celles de disette. Dans une année fertile, tout se multiplie, insectes, bestiaux, naissances ; tandis que quand la misère et les privations se font sentir, non-seulement il y arrêt de mouvement de la population, mais encore augmentation de la mortalité.

*Sine Cerere et Baccho friget Venus.*

Se sont-ils appuyés sur cet adage, les moralistes qui conseillent les abstinences et le jeûne dans le but d'émousser l'aiguillon de la volupté ?

Nourriture. — Le genre de nourriture agit puissamment sur les facultés procréatrices. l'usage de la viande, du poisson, du vin généreux pris en quantité modérée, dispose aux plaisirs de l'amour mieux que ne fait assurément une alimentation végétale, maigre, insuffisante.

A côté de cette règle générale, il y a ce fait que certaines substances alimentaires jouissent de la propriété d'éveiller et de surexciter l'instinct génésique : tels sont les mets de haut goût, la chair de poisson, la truffe, et certains condiments, comme la vanille, la muscade, les bulbes des allicés, etc.

Ces substances, dont nous pourrions considérablement allonger la liste, ne possèdent pas au degré qu'on leur suppose la vertu prolifique, tant s'en faut; pourtant il est certain que le poisson est particulièrement excitateur de l'appareil génito-urinaire, par la raison qu'il contient un peu de phosphore, un des plus renommés *aphrodisiaques*.

Ce fait était certainement ignoré des autorités religieuses lorsqu'elles plaçaient la chair des poissons dans la catégorie des aliments froids, calmants, réservés pour les temps de jeûne et de pénitence.

Du reste, une foule de fables ont eu cours relativement aux influences qui s'exercent sur l'instinct de concupiscence. En voici un exemple :

On a prétendu (*Mém. de la Soc. roy. de méd.* en 1776) que le blé sarrazin dont on se nourrit en Sologne excite tellement la luxure, que des enfants de 7 à 8 ans ont eu déjà commerce ensemble et que les femmes y sont également lascives et fécondes. — Les choses ont bien changé.

L'usage modéré des boissons spiritueuses, du vin, du cidre, peut contribuer à la fécondité; toutefois, leur abus ne peut être que pernicieux. L'ivresse portée à un certain degré rend impossible le congrès faute d'érection suffisante. Dans les Pays-Bas, la Hollande, les grands buveurs d'eau-de-vie deviennent impuissants et même stériles, tandis que les buveurs d'eau sont, dans les combats d'amour, plus vaillants que les amants de Bacchus.

L'usage immodéré du tabac peut devenir cause de frigidité et d'infécondité.

Nous pourrions parler encore de certaines substances narcotiques, stimulantes, aphrodisiaques, dont les Orientaux se servent pour exciter leurs désirs et leurs forces viriles épuisées ; mais c'est un sujet qui trouvera sa place plus naturellement au chapitre Impuissance.

Professions. — Elles ne sont pas indifférentes dans le sujet qui nous occupe. Plus elles nécessitent d'efforts et dépensent de forces, moins il en reste naturellement pour l'exécution physiologique parfaite des actes de la fécondation. Sous ce rapport, les travaux de l'esprit l'emportent encore sur ceux du corps. Les savants, les grands penseurs sont peu portés aux plaisirs d'amour ; et comme le défaut d'exercice plonge les organes dans une sorte d'atonie et de frigidité, leur mise en activité perd de sa puissance fécondante.

Les hommes et les femmes qui tissent la toile, et qui exécutent, en exerçant ce métier, certains mouvements du bassin et des membres inférieurs, sont plus portés que bien d'autres à l'acte conjugal : C'est une remarque qui a été faite par les anciens. Les modernes, à leur tour, ont cru remarquer que la mise en mouvement de la machine à coudre au moyen du pied n'est pas sans inconvénient chez les femmes à cause de l'excitation qui en résulte du côté des organes sexuels.

### § 2. — *Influences individuelles.*

Les influences qui peuvent modifier l'aptitude à concevoir chez la Femme, à féconder chez l'Homme, et qui leur sont propres, sont certainement beaucoup plus puissantes que celles que nous venons de passer en revue. Et cependant, à part l'état d'intégrité ou de maladie des appareils sexuels, dont la constatation est généralement assez facile à faire, ces influences se démontrent par des suppositions plutôt que par une observation rigoureuse. C'est que, comme nous l'avons déjà dit, si la Fécondité peut s'affirmer chez la femme, elle reste douteuse chez l'homme tant qu'il n'a pas acquis la certitude qu'il est père.

La première condition pour que la faculté procréatrice puisse se manifester, c'est que les organes auxquels elle est dévolue soient dans un état d'intégrité. Cela étant, nous devrions, pour être méthodique, commencer par l'étude de l'anatomie et de la physiologie de ces organes ; mais, bien que très-utile pour l'intelligence des matières en question en ce moment, cette étude n'est pas indispensable ici, tandis qu'elle doit absolument précéder les considérations que nous avons à présenter sur l'Impuissance et la Stérilité.

La Femme passe certainement pour être plus féconde que l'Homme, et cependant, dans les unions stériles, c'est elle plutôt que celui-ci qu'on accuse. Nous verrons plus tard quelle part doit être faite à chacun des conjoints dans les causes d'infécondité qui peuvent leur être imputables.

Généralement la puissance procréatrice du mâle est plus restreinte que celle de la femelle. Dans l'espèce humaine, par exemple, lorsqu'une union donne naissance à 2, 3 et même 4 enfants jumeaux, c'est à l'aptitude de la Femme à concevoir qu'il en faut rapporter tout l'honneur. On a observé chez certaines femmes une fécondité parfois très-considérable, s'accusant par des grossesses gémellaires répétées. Cette faculté est même souvent héréditaire.

Osiander cite une femme qui, en onze couches, donna le jour à 32 enfants. On peut joindre à cet exemple celui de ce paysan russe qui fut présenté à Catherine II, et qui avait 90 enfants, ou celui de ce Danois qui réunit 297 enfants, en forma un bataillon et alla offrir ses services à son roi. Ces fécondités extraordinaires ne tiennent qu'à la femme, et les chefs de ces innombrables familles ne méritent nullement la curiosité dont ils furent l'objet.

La Fécondité individuelle est influencée par certaines conditions d'âge, de constitution, de tempérament et même d'état mental des personnes. Il est une autre influence à laquelle on a fait jouer un rôle trop important, c'est la Consanguinité dans les mariages. — Nous en parlerons dans la suite.

Age. — L'homme ne devient apte à féconder sa compagne, et celle-ci à être fécondée, que quand le corps a acquis tout son développement et que l'exercice des fonctions génitales peut avoir lieu sans porter atteinte à la santé de ceux qui s'y livrent. Or, l'époque de la vie en question est variable, suivant les latitudes et les climats, etc. Elle marque l'âge de puberté lorsqu'elle est arrivée.

La *Puberté* existe donc du moment que l'individu devient propre à accomplir l'acte de la génération.

Toutefois, on est pubère avant d'être nubile : les deux termes n'expriment pas tout à fait la même chose.

La *Nubilité* est l'état d'une personne en âge de se marier : elle suppose l'accroissement du corps terminé et tous les organes parvenus au degré de force et de perfection nécessaire pour rendre l'homme capable de procréer son semblable dans de bonnes conditions, et la femme en état de supporter les fatigues de la grossesse, de l'accouchement et de ses suites, l'allaitenant compris; tandis qu'au contraire la Puberté a un commencement et un développement plus ou moins lents ou rapides, mais qui coïncident avec les derniers effets de l'accroissement général.

L'âge de puberté — puberté et nubilité seront désormais synonimes pour nous — varie chez les sujets selon la latitude et les climats. Les Orientaux sont pubères bien plus tôt que les habitants des contrées septentrionales; mais, par contre, ils perdent aussi beaucoup plus tôt la faculté génésique.

Chez certains peuples méridionaux, la Femme peut concevoir à l'âge de 12 ans, époque à laquelle elle est menstruée en général, et l'Homme est nubile vers la quinzième année : nous dirons pourquoi plus tard.

Dans nos contrées tempérées, les limites de la vie sexuelle se trouvent entre 15 et 45 ans pour la femme, et 18 à 55 pour l'homme. Hâtons-nous d'ajouter toutefois que les différences les plus grandes, les exceptions les plus inattendues peuvent modifier ces appréciations.

En résumé, la puberté apparaît en général chez l'homme deux ou trois ans plus tard que chez la femme; différence qui tient sans doute à l'excitabilité plus grande du système nerveux chez le sexe féminin.

*Chez l'homme,* l'âge de puberté est marqué par divers phénomènes à lui propres, à part ceux qui intéressent toute l'économie et qui se rapportent au développement des systèmes osseux, musculaire, sanguin, etc. Le jeune homme voit sa peau offrir une teinte plus foncée, son menton se couvrir d'un duvet cotonneux auquel succède bientôt la barbe. Le pubis se couvre aussi de poils ; le scrotum s'agrandit et se contracte sous la moindre influence ; les testicules acquièrent un volume double de celui qu'ils avaient auparavant ; la verge grossit, s'allonge, est le siége d'érections fréquentes; viennent ensuite les songes érotiques, les éjaculations nocturnes. Le sperme, d'abord aqueux, se montre bientôt avec tous ses caractères physiques et son odeur spéciale.

Au moral, le jeune pubère éprouve une sorte d'inquiétude, non sans charme; son imagination s'éveille et aime à se perdre dans mille pensées confuses, dont le vague indéfinissable est une jouissance de cet âge des illusions. Il se complaît dans une rêverie silencieuse et ouvre son cœur à tous les sentiments généreux. Avide de connaître, s'enivrant aux récits des beaux exploits, c'est en vain qu'on chercherait à l'effrayer en lui exposant les dangers auxquels il va s'exposer.

Et puis, une force inconnue, irrésistible, l'entraîne vers un sexe qu'il se représente sans cesse sous les couleurs les plus séduisantes. « Dès qu'il l'approche, une timidité insurmontable le saisit. Il est timide, dit Cabanis, parce que la nature des désirs qu'il ose former l'étonne lui-même et que la défiance de leur succès le déconcerte. Cet embarras du premier amour, cette timidité cèdent enfin à l'impétuosité d'une passion que les obstacles exaltent. Le jeune homme aime; il aime avec toute la passion de son âme; et lorsque ce sentiment est uni à d'heureuses dispositions, il hâte leur développement et contribue à rehausser la dignité de l'homme en étendant les facultés morales qui font son plus noble apanage. »

*Chez la femme*, la puberté est annoncée par des

douleurs lombaires, des lassitudes, un certain allanguissement des forces de l'esprit et du corps ; la jeune fille, si vive et si enjouée naguère, devient rêveuse, sans goût pour les exercices du corps. En même temps, les formes extérieures se modifient, le bassin s'élargit ; les glandes mammaires sont très-sensibles, augmentent de volume et prennent ces formes voluptueuses, à l'attrait desquelles ajoutent encore la couleur vermeille et l'exquise sensibilité du mamelon. La peau se couvre de poils au pubis et aux aisselles seulement ; toute la force du système pileux se concentre du côté de la chevelure, qui se développe rapidement.

Une véritable métamorphose s'opère chez la jeune fille, qui, dans l'espace de quelques mois, passe d'un état où les formes sont disgracieuses par l'allongement des membres et du corps, à un ensemble dont la Vénus de Milo offre le parfait modèle. Son teint se colore à la vue du jeune homme, et l'ensemble de la physionomie exprime des impressions bien différentes de celles de l'enfance.

Mais les phénomènes véritablement caractéristiques de la nubilité se passent du côté des organes génitaux. Les ovaires et l'utérus augmentent de volume, et ce dernier organe devient le siége d'un flux sanguin qui se renouvelle tous les mois (V. *Menstruation*). Les parties externes de la génération subissent également des modifications notables : le mont de Vénus s'arrondit et se couvre de poils, les grandes et petites lèvres deviennent plus saillantes. sont humectées d'un fluide séro-muqueux ; le clitoris manifeste des mouvements de turgescence accompagnés de sensations voluptueuses que la pudeur veut réprimer et qu'elle rend plus vives encore.

Au moral, c'est une vague inquiétude, un vide du cœur que la jeune fille cherche vainement à remplir. « Inquiète des désirs vagues et obscurs dont elle est tourmentée, elle croit retrouver dans la solitude le calme et la gaieté qu'elle a perdus ; mais son imagination vive, mobile, ne fait qu'augmenter son trouble ; elle languit dans une mélancolie profonde, dont les accès sont terminés par une abondante effusion de larmes qui la soulage. »

« Tous les phénomènes qui se passent à l'époque de la puberté chez la femme sont sous la dépendance des ovaires, et, si l'on venait à enlever ces organes, comme on enlève les testicules chez l'homme, on n'observerait rien de ce qui caractérise cette période de la vie. »

La Fécondité existe aux âges que nous venons d'indiquer tout à l'heure ; mais est-elle dans toute sa puissance au point de vue d'une parfaite complexion communiquée au produit ? Non ; les enfants nés de parents trop jeunes sont souvent chétifs et faibles de constitution. C'est ce qu'avaient parfaitement compris les législateurs de l'antiquité, qui prescrivaient pour le mariage des hommes l'âge de 30 à 37 ans, et pour celui des femmes l'âge de 18 à 24. Ces limites d'âge étaient un peu exagérées : 20 ans pour la femme, 24 pour l'homme, voilà les époques les plus favorables.

Constitution et tempérament. — Le degré de développement et d'activité des organes correspond à la constitution ; le tempérament désigne plus spécialement la prédominance d'un système d'organes, sans que la santé générale pourtant soit ébranlée. Cela dit, il va de soi que les individus dont les fonctions s'exécutent toutes avec activité et harmonie sont les plus robustes et, généralement, les plus favorisés du côté de la puissance génératrice. Les messalines devinent cela instinctivement, car elles choisissent les hommes de cette constitution pour se satisfaire.

Les hommes à larges épaules, à la voix forte et sonore, qui ont la poitrine carrée, les muscles forts et durs, la peau velue, passent pour être ardents en amour, parce que chez eux la sécrétion spermatique est abondante.

Cependant les plus forts musculairement ne sont pas toujours les plus vigoureux dans les combats de

Vénus : le tempérament y est pour quelque chose. Il y est si bien, que les anciens en avaient reconnu quatre primordiaux, à chacun desquels ils rattachaient l'un des quatre âges de la vie. Ainsi, au tempérament sanguin correspondait la jeunesse, le printemps ; au bilieux, l'âge adulte, l'été ; à l'atrabilaire, l'âge mûr, l'automne ; au pituiteux, la vieillesse, l'hiver. Les tempéraments sanguin et bilieux, qui correspondent à la jeunesse et à l'âge adulte, sont en effet ceux où les forces viriles et l'aptitude à la procréation sont le plus développées.

« Les femmes, dit Gardien, qui, par leur tempérament et les dispositions de leur corps, se rapprochent plus de la constitution de l'homme que de celle de la femme, sont presque toujours stériles. Les Latins les distinguaient sous le nom de *viragines*, à raison de cette apparence. Leur voix est grave et forte, leur menton et leur lèvre supérieure sont garnis de barbe comme ceux des hommes ; la couleur de leur peau est basanée, et leur poitrine souvent couverte de poils : elles n'ont point ou peu de règles, sans que leur santé en soit dérangée ; les plaisirs de l'amour n'ont aucun attrait pour elles, et elles préfèrent pour l'ordinaire la vie active des hommes aux occupations paisibles de leur sexe. Il n'est pas rare d'en rencontrer dans les camps, où elles paraissent se plaire. »

L'état maladif, la faiblesse organique native ou acquise modèrent les désirs et même peuvent les faire disparaître tout à fait; les sujets engendrés par les individus de cette constitution offrent eux-mêmes les signes d'une santé débile. Il est pourtant certaines maladies, comme la phthisie pulmonaire, sans parler de l'érotomanie, qui semblent favoriser les ardeurs amoureuses, au lieu de les éteindre. Mais malheur à l'homme ainsi frappé qui cède à ces désirs factices, car il abrége son existence en léguant son mal à sa postérité.

Etat mental. — On a cru remarquer que les femmes d'un caractère gai, enjoué et affectueux conçoivent avec une grande facilité, voire même dans des circonstances où, trompant les vues de la nature, les deux époux cherchent à se procurer des jouissances stériles. Mais il est impossible, le plus souvent, de déterminer la cause qui fait que telles femmes sont plus fécondes que telles autres.

On parle aussi du défaut de rapport et de convenance entre les tempéraments et les dispositions morales des conjoints: nous croyons, en effet, que le défaut d'amour, une certaine antipathie, le dégoût, la découverte d'une infirmité ou d'un mal ignoré jusque-là, rendent les deux sexes peu propres à la fécondation. Toutefois, il ne faut pas attribuer une trop grande importance à ces influences, car on sait que la femme violée dans des circonstances où la peur, la colère et un sentiment d'horreur la dominent, peut devenir enceinte.

HABITUDES. — Les travaux excessifs du corps et de l'esprit, les passions vives, l'intempérance, l'abus des plaisirs vénériens tendent à diminuer l'aptitude à la fécondation. Il n'est pas jusqu'aux vêtements, à certains exercices, qui ne puissent produire le même effet. L'équitation, par exemple, a l'inconvénient de froisser les organes sexuels, de troubler les fonctions testiculaires, etc.

Nous aurons à revenir sur toutes ces questions aux chapitres *Impuissance* et *Stérilité*.

CONSANGUINITÉ. — Cette expression désigne la proximité de parents nés d'un même sang par suite d'unions contractées entre cousins germains, neveux et nièces, cousins jusqu'au troisième degré dans la ligne collatérale. On accuse ces unions de fécondité affaiblie, de stérilité même, ou bien de donner lieu à des produits imparfaits, incomplets, à vitalité languissante et à courte existence, etc.

Cette question ne figure ici qu'à titre de cause présumée d'infécondité, car la consanguinité doit revenir sous notre plume quand nous parlerons du Mariage. Mais, dès à présent, nous pouvons déclarer que les Mariages consanguins ont été calomniés. Il résulte, en effet, d'études et d'observations consciencieusement faites, que si l'hérédité est en puissance de transmettre les qualités et les défauts physiques et moraux des parents, elle conserve ce pouvoir dans toutes les unions en général ; que si la Consanguinité agit avec plus d'intensité quand cette hérédité n'existe pas, ce qui doit être, puisque la même aptitude est propre à l'un et à l'autre conjoint, elle doit doubler la prépondérance des bonnes qualités comme elle fait pour les mauvaises.

En d'autres termes, les unions consanguines, à quelque degré de parenté qu'elles soient contractées, lorsque les époux sont parfaitement sains, non-seulement n'ont aucune influence fâcheuse sur la santé des enfants, mais elles la perfectionnent. Les termes sont renversés dans les cas contraires.

Toutefois, une question se dresse menaçante : il s'agit de savoir s'il n'existe aucun vice caché, aucune diathèse dans les familles des conjoints. Dans le cas où la Consanguinité ne compte qu'un petit nombre d'unions successives, il y a lieu de croire que les constitutions des descendants n'ont subi aucune atteinte ; mais, à la longue, le mélange prolongé d'un même sang peut certainement modifier celui-ci plutôt en mal qu'en bien, alors même que les deux premiers facteurs auraient été d'une santé irréprochable.

# CHAPITRE TROISIÈME

## LA FÉCONDATION

La Fécondation, considérée dans les deux Régnes animés, est le résultat de l'acte par lequel un organe ou un individu communique à un autre organe ou à un autre individu le pouvoir de reproduire un fruit ou un être de la même espèce que celle à laquelle appartiennent les facteurs.

Par action d'un organe sur un autre, nous entendons celle qui se produit chez les êtres hermaphrodites; or, la plupart des végétaux et quelques animaux sont dans ce cas. (Voir *Hermaphrodisme*).

Nous avons à étudier la Fécondation : 1° dans les Végétaux; 2° dans les Animaux.

Faisons remarquer tout de suite, — une fois pour toutes, — que, bien que les expressions fécondation, génération, reproduction ne soient pas des synonymes, puisqu'elles indiquent des phases particulières et distinctes de la fonction génératrice, nous les emploierons souvent l'une pour l'autre.

## SECTION Ire.

### FÉCONDATION DANS LES VÉGÉTAUX.

Les Végétaux se reproduisent par fécondation et par germination, mais nous n'avons à parler que du premier mode, qui donne naissance au fruit, lequel sert au second mode.

Nous savons déjà que les Plantes forment deux grandes classes, les *Cryptogames* et les *Phanérogames* (voir page ?); ce qui les distingue, c'est que dans la première classe les organes de reproduction sont cachés, peu apparents ou nuls, tandis qu'ils sont apparents et figurés dans la seconde.

Un mot sur ces organes avant de décrire la Fécondation en elle-même.

#### § 1er. — *Organes reproducteurs des Cryptogames.*

Végétaux de structure celluleuse, n'ayant pour la plupart ni axe ni organes appendiculaires, mais se présentant sous la forme de filaments irréguliers, de tubes, de lames, et se développant par toute leur circonférence, les Cryptogames manquent d'organes sexuels proprement dits : ce qui en tient lieu, ce sont des utricules, des poussières ou autres parties très-peu apparentes, la plupart du temps cachées ou invisibles, comme dans les *Algues*, les *Champignons*, les *Mousses*, les *Lycopodes*, etc.; aussi leur mode de reproduction est-il peu connu. Il est d'ailleurs sans intérêt pour nous.

## § 2. — *Organes reproducteurs des Phanérogames.*

Depuis les plus simples, tels que les plantes aquatiques, les Naïades, les Lenticules, les Joncs, etc., jusqu'aux Arbres dicotylédonés, les Phanérogames sont pourvus d'organes sexuels plus ou moins apparents et distincts.

Les *organes mâles*, appelés *étamines*, se présentent généralement sous la forme de filaments terminés par une partie renflée (*anthère*), qui contient le *pollen* ou poudre fécondante.

Au centre des étamines, dont le nombre, la disposition, l'insertion, etc., varient dans la fleur, se trouve l'*organe femelle*, appelé *pistil*.

Le pistil se compose d'un *ovaire* à la base, surmonté d'un filet (*style*) terminé par un petit évasement (*stigmate*). L'ovaire contient les *ovules*, qui sont les germes du fruit ; chaque ovule a une ou plusieurs loges, séparées par des cloisons.

Les étamines et le pistil occupent le centre de la fleur.

Les fleurs sont diversement disposées selon les espèces.

Elles sont complètes quand il entre dans leur composition calice, corolle, étamines et pistil.

Quand elles manquent d'une ou plusieurs de ces parties, elles sont dites incomplètes.

Il y a des fleurs composées de petites fleurs appelées *fleurons* et *demi-fleurons*, comme dans la famille des *Synanthérées*, dans l'Hélianthe ou *Soleil* par exemple.

Les fleurs *hermaphrodites* sont celles qui réunissent étamines et pistil dans les mêmes enveloppes florales : ce sont de beaucoup les plus nombreuses.

Les fleurs *unisexuées* ne contiennent que des étamines ou un pistil exclusivement.

Il y a des fleurs neutres, c'est-à-dire sans organes sexuels.

Lorsque des fleurs mâles et des fleurs femelles sont séparées, quoique se rencontrant sur le même individu, on les appelle fleurs *monoïques* ; — sont-elles portées par des individus distincts, elles reçoivent le nom de fleurs *dioïques* : *Mercuriale*, *Chanvre*, etc.

PHÉNOMÈNES DE LA FÉCONDATION. — Voici comment, dans les plantes Phanérogames, s'effectue la fécondation :

Lorsque le pistil et les étamines ont acquis leur entier développement dans la floraison, les anthères s'ouvrent et laissent échapper le pollen, lequel s'insinue dans le stigmate, qui semble se gonfler et s'ouvrir ; ce pollen, sorte de sperme végétal, pénètre jusque dans l'ovaire pour vivifier les ovules.

Ce mécanisme est très-simple, surtout dans les fleurs hermaphrodites ; mais dans les fleurs dioïques la fonction est plus compliquée et moins facile à comprendre.

En effet, comme les sexes sont portés par deux individus séparés, il faut que le pollen soit transporté par l'air, les insectes ou l'eau, selon les cas, sur les fleurs femelles, à quelque distance que celles-ci se trouvent. Notre *Saule*, notre *Chanvre*, sont dans ce cas. Dans ces deux genres, le voisinage des deux sexes explique suffisamment le phénomène ; mais par quelle mystérieuse affinité les fleurs femelles des *Palmiers* parviennent-elles à être fécondées par les fleurs mâles, situées à plusieurs lieues de distance ?

Les plantes aquatiques s'élèvent à la surface de l'eau pour opérer l'acte de la fécondation, parce que le pollen. qui est une matière huileuse, ne peut se mêler à ce fluide. Aussitôt le but atteint, elles replongent dans leur élément. La *Vallisneria spiralis* est monoïque ; elle habite le fond des eaux, où ses organes reproducteurs se développent. Son mode de fécondation est extrêmement curieux. Les fleurs femelles sont attachées à un pédoncule très-long, affectant la forme spirale ou de tire-bouchon. Au moment des amours, le pédoncule se détend, s'allonge, et la fleur vient à la surface de l'eau. Mais les fleurs mâles manquent de la même faculté de surnager, faute d'un pédoncule élastique. Comment faire ? La nature n'est jamais embarrassée : le pédoncule court qui retient la fleur au fond de l'eau se rompt, et cette fleur vient se mettre en rapport avec la fleur femelle, pour mourir et disparaître après que la fécondation s'est opérée.

## SECTION II.

### FÉCONDATION DANS LES ANIMAUX.

Les phénomènes de la reproduction sont de trois espèces dans les animaux : 1° Reproduction *fisci-*

*pare;* — 2° Reproduction *gemmipare ;* — 3° Reproduction *ovipare.*

A cette dernière espèce se rapportent : la *Parthénogénèse*, la *Génération alternante*, la *Fécondation artificielle* et enfin la *Génération* dite *spontanée.*

### § 1. — *Génération fissipare.*

On donne cette dénomination au mode de reproduction de certains animaux placés au bas de l'échelle, et qui, par une sorte de fractionnement de leur corps, donnent vie à autant d'individus complets et de la même espèce qu'il y a eu de segments détachés. C'est ce que l'on voit dans quelques genres de Zoophytes, les Infusoires, quelques Hydres, par exemple, etc.

Plusieurs autres Zoophytes pourvus d'organes sexuels, tels que les Méduses, quelques Vers intestinaux, peuvent aussi, à certaines périodes de leur développement, se multiplier par scission ; ou bien leurs œufs se fixent à un corps étranger, se développent et se partagent en un certain nombre de parties qui donnent chacune naissance à un nouvel être.

La Fissiparité peut être accidentelle. Ainsi, lorsque l'on coupe un ver de terre en deux parties, la partie antérieure du corps donne naissance à un animal entier. Il en est de même de la partie postérieure, sauf que la régénération est bien plus lente. Chez les Hydres, les Actinies, beaucoup d'Entozoaires, il suffit généralement d'un fragment peu considérable du corps pour reproduire l'être entier.

Cet être est-il bien un animal ? Il peut y avoir doute dans certains cas, car les deux règnes, végétal et animal, se rapprochent l'un de l'autre pour se réunir en un point commun. Ainsi, certains animaux, parmi les Infusoires, semblent n'être formés que d'une simple molécule ou cellule animale, et, d'un autre côté, les premières formes du règne végétal consistent fréquemment en une vésicule. « C'est donc avec justesse, dit Ach. Richard, que l'on peut considérer l'ensemble des êtres organisés comme formés de deux pyramides qui se touchent par la pointe. Car il y a en quelque sorte un point de départ commun pour ces êtres, la vésicule organique, qui s'anime pour commencer la série animale, et reste immobile pour servir de base à l'individualité végétale. C'est en se rapprochant de ce point commun qu'on voit augmenter les analogies qui existent entre les deux grands Embranchements des êtres organisés, tandis qu'au contraire les différences qui les séparent s'accroissent à mesure qu'on s'éloigne de ce point. »

Revenons à la fissiparité A un degré un peu plus

élevé de la série zoologique, l'individu, au lieu de se partager et de se reformer tout entier en un nombre égal à ses divisions, reproduit quelques-unes seulement de ses parties constituantes. Ainsi renaissent les rayons des Astéries, les pattes des Crustacés et des Insectes, les anneaux des Annélides, l'extrémité de la queue et des doigts des Salamandres, etc.

A un degré encore plus haut, la régénération ne s'exerce plus que sur les tissus ; — puis apparaît le sexe, imparfait d'abord, mais qui se perfectionne au fur et à mesure que les animaux occupent une place plus élevée.

En résumé, comme mode de reproduction exclusif, la Fissiparité ne suffit qu'à un nombre très-restreint d'espèces dont l'organisation est la plus simple.

### § 2. — *Génération gemmipare.*

Ce mode de reproduction est encore appelé *Génération par bourgeonnement.* La gemmiparité établit une sorte de transition entre la fissiparité et l'oviparité. « On voit chez certains animaux se développer à l'extérieur ou à l'intérieur du corps une excroissance qui prend peu à peu de l'extension, se creuse d'une cavité digestive et acquiert toutes les parties constitutives d'un animal semblable à celui qui vient de lui donner naissance. L'existence de ce nouvel être ne devient absolument indépendante qu'après un temps variable de séjour sur l'être dont il procède. »

La reproduction gemmipare appartient à quelques Infusoires, à quelques Acalèphes, aux Helminthes cysticerques et aux Polypes, dont la génération se fait déjà par fissiparité et par oviparité.

## § 3. — *Génération ovipare.*

L'immense majorité des Animaux se reproduisent par les Œufs.

Ici le concours de deux êtres est absolument nécessaire pour que la fécondation s'opère : l'un fournit le germe ou œuf; l'autre communique à ce germe la vie et la force de parcourir toutes les phases de son évolution, en l'imprégnant de sa liqueur fécondante.

La Fécondation ovipare, en raison de la diversité des phénomènes qu'elle présente, selon les espèces, est un sujet d'études extrêmement vaste.

Cette étude sera divisée ici en deux chapitres principaux : dans le premier, nous considérerons l'oviparité dans la série des animaux; dans le second, ce mode de génération sera étudié dans l'espèce humaine.

Mais d'abord consacrons quelques lignes à l'histoire de l'œuf, puisqu'il est en ce moment notre objectif, notre point de départ.

De l'Œuf. — En physiologie, le nom d'*œuf* est pris dans un sens général : il désigne ce dont provient tout être organisé : *omne vivum ex ovo ;* il n'est autre chose que le germe, le grain de levûre, le ferment (V. *Génération spontanée.*), il est le produit des animaux ovipares et celui de la génération chez les vivipares ou mammifères.

L'œuf proprement dit n'est autre chose, au début, qu'une simple vésicule, appelée *ovule*, contenue dans un organe spécial appelé *ovaire*.

L'ovaire a été étudié précédemment dans les plantes phanérogames; il le sera bientôt dans les animaux et spécialement chez la Femme, où il nous offrira un intérêt tout particulier. — Pour le moment, c'est l'œuf des oiseaux, l'œuf de poule en particulier, que nous allons examiner.

L'Œuf de poule (il est généralement pris comme type) est composé principalement des parties suivantes : 1° *Coque* ou *coquille*, formée de carbonate de chaux qui en fait la plus grande partie, de carbonate de magnésie, de phosphate de chaux, d'oxyde de fer et d'une matière animale qui lie ces substances. — 2° *Pellicule* ou *membrane de la coque*, qui revêt la surface interne de la coquille, composée d'albumine coagulée et probablement d'un peu des principes fixes qui se trouvent dans la coquille. — 3° *Blanc d'œuf* ou *albumen*, qui remplit toute la cavité périphérique, excepté à la grosse extrémité où il laisse un espace libre (*chambre à air*), dans laquelle pénètre l'air qui servira au développement de l'embryon. — 4° *Jaune* : masse globuleuse enveloppée d'une membrane propre et suspendue au milieu du blanc, et d'une composition assez complexe. Cette masse du jaune est retenue en place par des sortes de ligaments albumineux (*chalazes*), qui adhèrent à sa membrane et à la membrane de la coquille à chaque extrémité de l'œuf. Sur l'un des points de sa surface, correspondant au canal qui conduit à la petite cavité qui en occupe le centre et qui est remplie d'une matière claire, est une tache blanchâtre, linéaire, à point visible à l'œil nu (*cicatricule* ou *germe*), qui est l'élément embryonnaire, et dans lequel l'incubation détermine, pour former l'embryon de l'Oiseau, un développement analogue à celui qui s'observe dans l'œuf des mammifères.

### § 4. — *Génération ovipare considérée dans la série animale.*

Pour comprendre le mécanisme et les phénomènes de la grande fonction génératrice, il faut de toute nécessité connaître les organes ou instruments qu'elle met en œuvre.

Voici comment sera divisé ce chapitre : nous exposerons d'abord quelques généralités sur les appareils sexuels des animaux (plus tard nous les étudierons dans chaque classe ou espèce en particulier); nous jetterons ensuite un coup d'œil d'ensemble sur le phénomène Fécondation ; puis enfin nous décrirons les divers modes de rapprochements sexuels.

Appareils sexuels considérés en général. — Dans les classes inférieures des animaux, les *organes mâles* de reproduction sont réduits à une très-grande simplicité. Ils se présentent sous la forme de petites capsules remplies d'un liquide dans lequel nagent les spermatozoïdes. (V. *Sperme.*)

D'autres fois ce sont des tubes d'une ténuité extrême, enroulés et ramifiés, comme dans la plupart des Articulés.

Mais chez les Vertébrés, cet enroulement est si

serré, si complet, que l'aspect tubuliforme ne se manifeste pas au premier abord et que l'organe offre l'apparence d'une glande compacte, connue sous le nom de *testicule*.

A mesure qu'on s'élève dans la série animale, on voit s'annexer à ces glandes des cryptes, des réservoirs, et en même temps se perfectionne un organe approprié à la réunion des parties sexuelles.

Les testicules sont situés dans l'abdomen ou à l'extérieur ; quelquefois ils se montrent alternativement en dedans et en dehors de cette cavité, selon les conditions du rut et de l'accouplement. Ils demeurent constamment dans la cavité abdominale chez les Zoophytes, les Mollusques, les Articulés ; il en est de même pour les Vertébrés ovipares, les Oiseaux, et pour certains Mammifères, tels que la Baleine, le Phoque, l'Éléphant, etc.

Ils sortent de l'abdomen à l'époque du rut chez la Chauve-Souris, la Taupe, la Musaraigne, le Hérisson, le Cochon d'Inde, le Castor, le Rat, etc.

Mais dans la généralité des Mammifères ces organes sont situés hors du ventre, soit en arrière de l'ischion : Carnassiers, Porc, Sanglier, Dromadaire ; soit en avant du pubis et du trajet inguinal : Solipèdes, Ruminants, Cheval, Ane, Taureau, etc.

Les testicules, comme nous le redirons plus tard, sécrètent un liquide particulier, appelé *sperme*, qui offre des différences, selon les espèces, différences relatives surtout à la forme des spermatozoïdes.

Parlons maintenant des *organes femelles*. Dans les animaux inférieurs, ils ne diffèrent pas sensiblement, pour la forme, des organes mâles, car ils présentent comme eux la disposition sacciforme ou tubulaire. Dans l'intérieur des tubes, on distingue des cellules spéciales qui deviendront, par la fécondation, le premier degré de formation de l'embryon. Ces cellules sont des *ovules*.

En résumé, les appareils sexuels du mâle et de la femelle présentent entre eux une grande analogie d'aspect, de structure, de développement et de fonction. Tous les deux ont pour rôle de fournir des cellules spéciales : seulement, tandis que chez le mâle ces cellules donnent naissance à des spermatozoïdes, chez la femelle elles produisent des ovules ou germes.

Les organes mâles et les organes femelles sont néanmoins toujours distincts les uns des autres ; et le plus souvent ils sont séparés, portés par deux individus différents quoique de même espèce.

Quelquefois, quoique séparés, ils sont réunis sur le même individu. Les Crustacés sont dans ce cas : Ces êtres sont dits alors *Hermaphrodites*.

L'hermaphrodisme est vrai ou faux. Le premier, dont la plupart des plantes nous offrent des exemples, existe aussi chez les Infusoires, les Rotifères, les Polypes, les Échinodermes, les Mollusques et même chez certains Vertébrés. — Quant à l'hermaphrodisme faux, il consiste dans un vice de développement ou une anomalie des organes donnant à l'individu l'apparence de l'un et de l'autre sexe. Cette conformation vicieuse s'observe quelquefois chez l'homme ; aussi aurons-nous à revenir sur ce sujet.

Phénomènes de la fécondation considérés dans leur généralité. — La fécondation diffère dans ses procédés et ses lois selon les classes d'animaux où on l'observe. Cependant, elle nécessite toujours, soit un simple contact des deux sexes, soit l'épanchement d'une liqueur spéciale sur les œufs libres au dehors, soit enfin l'intromission de la verge et l'émission du sperme au moyen d'un véritable accouplement.

Des exemples de ces divers modes seront bientôt donnés. En attendant, voici quelques généralités qui ne sont pas sans intérêt.

Les Animaux — n'oublions pas qu'il n'est point question de l'espèce humaine pour le moment — les Animaux n'engendrent qu'à des époques déterminées, alors seulement que le corps a acquis un degré de développement suffisant. Ni la nature, ni les exemples, ni les excès d'une civilisation qui leur manque ne font naître chez eux cette promiscuité qui tend à corrompre, au physique comme au moral, le genre humain. Toutefois, comme pour donner du poids à cette remarque, certaines espèces domestiques, le Chien, le Chat, le Bélier, le Coq, le Pigeon, le Singe, etc., par cela seul qu'elles sont soumises à une nourriture abondante et à des soins particuliers, peuvent s'accoupler en toute saison, sans préjudice pour elles comme pour toutes les autres du temps de rut marqué par la nature.

Les Animaux présentent ce caractère commun avec l'Homme, que le mâle, plus ardent et plus impétueux, poursuit la femelle, qui attend et cède. Lorsque la femelle semble répondre difficilement à ses avances, elle ne fait qu'exciter davantage son désir. Ainsi donc, plus soucieuse d'assurer la perpétuité de l'espèce que de sauvegarder la vie individuelle, la Nature a voulu que l'un des deux facteurs fût investi du pouvoir de provocation, de séduction et d'entreprise, sans lequel il y aurait à craindre la disparition des êtres ou la dépopulation du globe par suite d'indifférence génésique.

Toute règle a ses exceptions. Dans le genre Chat, la femelle va chercher le mâle, et pareille à ces créatures humaines qui entraînent l'homme chez elles, la chatte décide le matou à la suivre jusque dans la demeure de ses maîtres.

Dès que la fécondation s'est opérée, la femelle fuit le mâle et repousse ses approches. Celui-ci, du reste, n'étant plus excité par les émanations spéciales de la femelle en rut, revient à son indifférence habituelle. Toutefois, la femelle du Singe, la Jument, reçoivent encore le mâle après la fécondation; les Brebis, les Truies, le Lapin et le Lièvre femelles ne refusent pas toujours non plus le congrès, par cette raison sans doute qu'elles sont aptes à concevoir par superfétation.

Nous venons de prononcer le mot *rut* : nous devons en dire quelque chose. Le rut désigne ce besoin qu'éprouvent les animaux de se livrer à l'acte de la copulation. Ils en ignorent le but, mais ne sauraient se soustraire à son empire, à moins qu'ils ne soient privés de liberté ou que les sexes soient tenus séparés.

Le rut exerce une grande influence sur l'organisme animal. Cette influence n'est pas sensible à nos sens dans les degrés inférieurs de l'échelle animale, mais il est probable qu'elle se manifeste relativement considérable. On sait, par exemple, qu'à l'époque du frai, la chair du Saumon devient rouge ; que les femelles des Quadrupèdes et des Quadrumanes fournissent, pour la plupart, des sécrétions odorantes qui ont le pouvoir de réveiller et de surexciter l'ardeur des mâles : leur vulve s'entr'ouvre en quelque sorte, rouge, turgescente et lubrifiée d'une humeur quelquefois sanguinolente. Le corps des mâles répand aussi des exhalaisons fortes et leur chair à ce moment devient dure et d'une saveur désagréable.

Revenons à la Fécondation. Elle ne se fait pas entre espèces de genres différents, et même l'accouplement est impossible si elles sont très-éloignées. Dans les espèces voisines, telles que le Cheval et l'Ane, le Lièvre et le Lapin, la fécondation peut avoir lieu, mais le produit, connu sous le nom de *métis*, *mulet*, demeure stérile : la nature, en permettant cette dérogation à la règle générale, n'a pas voulu que de tels produits pussent engendrer à leur tour et confondre les types.

Arrivons maintenant à l'étude des divers modes de Reproduction, suivant les Classes, les Genres et même les Espèces.

Fécondation dans les Zoophytes. — Dans ce premier Embranchement, de même que les animaux n'offrent entre eux que fort peu de ressemblance, leur mode de reproduction est différent, car les uns sont fissipares, ou gemmipares, les autres, au contraire, sont ovipares, et tout cela n'est qu'ébauché.

Chez un grand nombre d'entre eux la multiplication a lieu par gemmes ou par des bourgeons qui se développent sur les différentes parties de l'être et qui s'en détachent à une certaine époque pour reproduire de nouveaux individus : mode de génération analogue à ce qui se passe dans les végétaux, où chaque bourgeon représente en quelque sorte un individu distinct.

La plupart des Zoophytes sont pourvu d'organes générateurs et ovipares; chez la plupart aussi les deux genres d'organes sont réunis sur le même individu, lequel est par conséquent hermaphrodite.

Les *Polypes* se reproduisent en général par des œufs et aussi par bourgeonnement.

Dans les *Vers intestinaux*, les organes sexuels sont séparés sur deux individus différents.

Les *Lombrics* ou *Vers de terre* sont hermaphrodites. Leurs organes aboutissent à un renflement situé à peu près au tiers antérieur du corps. Deux individus concourent à la fécondation en opérant un double accouplement. et l'union est si intime qu'il est à peu près impossible de les séparer autrement que par lambeaux.

Les *Orties de mer* (Acalèphes) sont unisexuées ; souvent les femelles ont des ovaires qui s'ouvrent dans l'estomac. et alors elles semblent vomir leurs œufs.

Fécondation dans les Mollusques. — Les Mollusques sont hermaphrodites, mais souvent l'un des deux organes est difficile à découvrir. Tantôt l'individu se suffit à lui-même (l'*Huître*, par exemple), tantôt le concours de deux individus est nécessaire, bien que chacun d'eux porte les deux sexes : dans ce cas, il y a, comme il vient d'être dit tout à l'heure, double accouplement, c'est-à-dire que l'un des conjoints introduit son organe mâle dans l'oviducte de l'autre, en même temps que ce dernier agit de même à l'égard du premier (*Limace*).

Mais l'accouplement de la *Limace* est si singulier que nous voulons répéter ici ce qu'en a dit Redi, qui l'a longtemps observé. « Les Limaces mâles et femelles ont dans l'intérieur du corps un organe pour la génération, qui est exactement de même forme et de même grandeur dans les deux sexes. Cet organe est une espèce de cordon que les deux individus, lorsqu'ils veulent s'accoupler, poussent au dehors par un mécanisme semblable à celui qui fait sortir leurs cornes. Lorsque ces cordons sont étendus dans toute leur longueur, ils ont plus d'une brasse, mesure de Florence. Les limaces les entortillent et les entrelacent ensemble et restent assez longtemps en cet état... »

L'ouverture par laquelle l'animal pousse l'organe de la génération dont parle Redi est placée au côté droit de la tête, entre la bouche et le passage de la respiration. Cela est exact, mais dans tous les détails que donne cet observateur, on ne trouve rien qui rende une idée exacte du phénomène de la fécondation et de son siége.

Fécondation dans les Articulés. — Les animaux de cet Embranchement sont les uns hermaphrodites : *Vers*, *Crustacés;* les autres, unisexués : *Insectes*, *Arachnides*, etc.

Les *Vers* que communément l'on connaît le mieux sont les Lombrics ou Vers de terre et les Sangsues. Les *Vers* ou *Annélides*, dans leur accouplement, se touchent environ par la moitié du corps, qui se gonfle, et ils demeurent si fortement attachés l'un à l'autre qu'ils se laissent écraser plutôt que de se quitter. Linné a remarqué que l'accouplement se fait par le collier, c'est-à-dire près de la tête, ressemblance qu'ils ont sous ce rapport avec les Limaces. Toutefois, les œufs fécondés se dirigent par des conduits spéciaux vers la partie postérieure du corps et en sortent près de l'anus ; ils sont tantôt enveloppés d'une espèce de cocon, tantôt abandonnés après la ponte.

Redi assure que les *Sangsues* sont, comme les limaces, des animaux dont les parties de la génération sont semblables dans les deux sexes : « Les mâles et les femelles de Sangsues, dit-il, ont la même conformité dans ces organes, du moins je les ai trouvés tels. »

Chez les *Insectes*, les organes de la reproduction sont toujours séparés sur deux individus distincts. Ces organes, d'une contexture déjà assez compliquée, sont situés dans l'abdomen et viennent aboutir à l'anus, dans un véritable cloaque, où s'ouvrent le canal digestif et les canaux de la génération. Les mâles possèdent deux testicules, deux vaisseaux préparateurs de la semence, avec un canal éjaculateur. Il n'y a pas de pénis proprement dit, mais il existe à l'embouchure du canal d'émission spermatique deux pièces de nature cornée, destinées à retenir la femelle unie au mâle.

Les organes femelles sont conformés à peu près de même : deux ovaires, sous forme de vaisseaux flexueux, viennent aboutir à un canal oviducte terminé par une sorte de vagin.

Très-souvent la femelle de l'insecte est armée d'une *tarière*, à l'aide de laquelle elle prépare la demeure qu'elle destine à ses œufs.

Les Insectes mâles sont généralement plus petits que les femelles. Plusieurs espèces sont très-lascives. Du reste, il existe, dans cette classe, une grande variété d'organisation sexuelle.

Les Insectes, pour la plupart, passent par trois

états bien distincts : état de *Larve*, état de *Nymphe*, état d'*Insecte parfait*. Les changements qu'ils subissent sont inégalement marqués : tantôt ils rendent l'animal méconnaissable, d'autrefois ils ne consistent qu'en un développement d'ailes. Ces diverses transformations sont désignées sous le nom de *métamorphoses*, et celles-ci sont par conséquent complètes ou incomplètes.

Les Insectes à métamorphose *complète* sont toujours plus ou moins vermiformes lorsqu'ils sortent de l'œuf. On leur donne alors le nom de *Larves*. Celles-ci ont le corps allongé, mou, divisé en anneaux mobiles dont le nombre normal est de treize. Il en est qui sont privées de pattes ; d'autres en sont pourvues, en nombre variable, et dont la conformation ne rappelle en rien celle de l'animal parfait.

Quant aux *Nymphes* ou *Chrysalides*, seconde métamorphose, elles consistent en une sorte d'emmaillottement que la larve s'est créé et qui la cache entièrement jusqu'au moment où cette espèce d'étui se rompt pour donner issue à l'animal parfait.

Les Pous, les Pucerons, les Araignées, etc., ne subissent pas de métamorphoses.

Les *Pucerons* méritent une mention spéciale en raison de leur mode particulier de reproduction. Ils font plusieurs pontes par an. Tant que les beaux jours durent, les femelles produisent des petits vivants en sortant du sein de leur mère, et ceux-ci se répandent sur les arbres où ils trouvent une nourriture facile. Mais, à la fin de l'automne, ces mêmes femelles ne font plus que des œufs, qu'elles mettent à l'abri des rigueurs de l'hiver et qui se conservent jusqu'au printemps, époque à laquelle ils éclosent. Un fait remarquable, c'est que les femelles qui proviennent de ces œufs n'ont pas besoin d'être fécondées pour donner le jour à d'autres petits vivants de leur espèce.

Les Pucerons multiplient d'une manière prodigieuse. On a calculé qu'une femelle peut donner naissance, à la dixième génération, à un quintillion d'individus.

Les *Araignées* ou *Arachnides* portent les organes sexuels à la base de l'abdomen. Ces organes sont constitués, chez le mâle, par deux testicules, deux vaisseaux déférents et une verge courte ; chez la femelle, par deux ovaires tubulés, auxquels pendent les œufs réunis en grappe, et par deux oviductes et une vulve.

Réaumur, en parlant du mode d'accouplement des Araignées dit ceci : « Outre leurs pattes, les Araignées ont en avant deux espèces de bras placés comme les antennes. Chacun de ces bras se termine, dans quelques-unes, par un bouton. M. Lyonnet observa deux Araignées tournées l'une vers l'autre qui s'enlacèrent quelque temps avec leurs pattes. Une des deux ouvrit ensuite le bouton d'un de ses bras : il en sortit la partie qui est propre au mâle, qui fut portée sous le ventre de la femelle et introduite dans une fente qui est à son origine... Cet accouplement est différent de tous ceux que les autres Insectes nous font voir. »

On sait maintenant la cause qui avait fait croire que les sexes étaient placés dans les antennes : un mouvement de frémissement du mâle frottant ces organes contre la femelle avait donné lieu à l'erreur.

Une particularité singulière des amours chez les Araignées consiste en ce que ces animaux ne se rapprochent qu'avec prudence et défiance, car ils craignent mutuellement d'être dévorés. Étant plus petit que la femelle, le mâle ne se hasarde qu'en tremblant.

Quoi qu'il en soit, deux mois environ après la fécondation une quantité d'œufs plus ou moins considérable, selon les espèces, est pondue. La mère les enveloppe d'un cocon et les fixe au fond de son nid, ou elles les emporte avec elle.

Les *Libellules* s'accouplent d'une manière qui mérite d'être remarquée, d'autant que l'on n'a pas été d'accord sur le sexe qui entraîne l'autre lors de l'union sexuelle. Réaumur, qui les a observées dans cet état, nous apprend que les parties propres au mâle sont tout autrement placées que dans les autres Mouches. Examinant le dessous du corps du mâle près de sa jonction avec le corselet, à ses premiers anneaux, il a remarqué des parties qu'on cherche inutilement au corps de la femelle. Aussi, dans l'accouplement, le bout du corps de l'une, de l'antérieure, est posé sur le col de la postérieure ; toutes deux volent de concert, le corps étendu en ligne droite. La Libellule qui est devant est le mâle, lequel avec des crochets qu'il a au bout du derrière, tient sa femelle saisie par le col et la conduit où il lui plaît d'aller.

Cette description diffère de la suivante :

« Le mâle, dont les organes reproducteurs sont à la base du corselet, erre dans les airs. Aperçoit-il la femelle, qui a les parties génitales à l'extrémité du corps, il fond sur elle, la saisit par le col ; avec sa queue bifurquée la force à se coucher pour appliquer l'extrémité de son corps à la base du sien et opérer ainsi l'accouplement dans les airs. C'est ainsi que l'on voit voltiger en été, au bord des eaux, ces insectes réunis en anneaux. »

La femelle pond dans l'eau des œufs d'où sortent de petites larves carnassières pourvues de longues pattes hérissées de soies, et qui se traînent dans la vase ou le sable, au bord des étangs ou des rivières.

Il n'est pas de notre sujet de poursuivre l'histoire de ces larves, assez intéressante cependant.

Dans la famille des *Mouches*, la femelle avance sa vulve au dehors pour aller à la rencontre de l'organe mâle qui est dans l'intérieur du corps de l'Insecte. Elle dépose ensuite ses œufs dans les cadavres d'animaux, dans les excréments, etc., selon les espèces; et il sort de ces œufs des larves connues sous le nom d'*Asticots*, larves qui, quand elles sont arrivées à leur dernier degré d'accroissement, se retirent en terre ou sous quelque abri sec pour opérer leur métamorphose.

La Mouche dérive de l'état parfait de la larve, et une fois née elle ne grandit plus.

FÉCONDATION DANS LES VERTÉBRÉS. — Nous voici arrivés au quatrième Embranchement. Les sexes sont ici toujours séparés; la reproduction est *ovipare* dans certains genres (Poissons, Reptiles, Oiseaux) et *vivipare* chez les Mammifères et quelques Reptiles.

*Poissons*. Les organes reproducteurs de ces êtres aquatiques consistent : chez le mâle, en deux énormes glandes allongées, nommées *laites*; chez la femelle, en deux sacs à peu près correspondants aux laites par la forme et les dimensions, et dans les replis desquels sont logés les œufs, qui sont en quantité extraordinaire. Il n'y a pas d'accouplement, excepté dans quelques espèces : seulement on voit les mâles et les femelles passer et repasser les uns contre les autres et frotter ainsi leur ventre pour hâter la sortie des œufs et l'émission de la laite.

Ainsi qu'on le voit, la femelle abandonne ses œufs à la merci des eaux, au sein desquelles le mâle les féconde. Certaines espèces déposent dans un lieu choisi et abrité un paquet d'œufs couverts d'une humeur gluante ; les mâles cherchent et reconnaissent les œufs de leur espèce, qu'ils arrosent de leur semence, à l'exclusion des autres, pour les féconder.

Il est un Poisson, l'*Epinoche*, qui se fait un véritable nid.

On peut *féconder artificiellement* les œufs de Poissons : il suffit d'exprimer sur eux la laite des mâles dans certaines conditions rendues favorables, car l'art de la *Pisciculture* a ses règles particulières.

Quelques Poissons, en petit nombre, sont vivipares et peuvent opérer un accouplement incomplet, sans une véritable intromission. Tels sont les Sélaciens : *Raies*, *Squales*. La laite du mâle tombe dans les oviductes de la femelle par une simple affriction. L'incubation des œufs s'opère dans ces organes jusqu'au moment de l'éclosion, et les petits en sortent vivants.

*Reptiles.* A l'exception des Batraciens, tous les Reptiles opèrent un véritable accouplement. Mais ces animaux, étant à sang froid, n'ont que de froides amours, bien que la copulation soit d'assez longue durée. Toutefois, les Lézards et les Serpents font exception sous ce rapport, comme nous le verrons tout à l'heure.

Les Reptiles ont rarement les organes mâles apparents au dehors. Ils ont généralement de véritables testicules situés le long de l'échine. — Les ovaires sont volumineux ; deux oviductes les font communiquer avec le cloaque. Chez certains genres. une réelle intromission a lieu, tandis qu'elle fait défaut dans d'autres.

Ces animaux déposent leurs œufs dans des lieux abrités ; ils ne peuvent les couver, puisqu'ils ne développent point de chaleur. Les petits sortent des œufs dans la forme qu'ils doivent conserver toute leur vie, les petits des Batraciens et des Tortues exceptés.

Les Batraciens (*Crapauds*, *Grenouilles*) n'ont point de verge, partant pas d'intromission. Toutefois, le mâle tient étroitement serrée la femelle pendant qu'elle livre successivement aux émissions intermittentes de sa liqueur fécondante différentes portions du cordon qui sort de son corps et qui peut être considéré comme une série d'embryons ou comme la chaîne de sa nombreuse postérité.

Le Crapaud mâle, dans l'accouplement, a, dit-on, les pouces déformés par des pelotes particulières très-gonflées, au moyen desquelles il se cramponne si fortement sur le dos de la femelle qu'on peut lui couper la tête sans qu'il lâche prise.

Chez les *Grenouilles*, le moment des amours est annoncé par une verrue noire, papilleuse, qui croît aux pieds de devant du mâle, en même temps que le ventre se gonfle dans les deux sexes. Ceux-ci se tiennent embrassés pendant une quinzaine de jours, et l'acte se termine par la sortie du corps de la femelle d'un très-grand nombre d'œufs qui sont immédiatement arrosés par la liqueur prolifique du mâle.

L'incubation des œufs se fait sous l'influence de la chaleur ambiante ; les petits naissent au bout de quelques jours ; et, chez les Crapauds comme chez les Grenouilles, ils apparaissent sous la forme de *Têtards*, lesquels doivent se métamorphoser plus tard en animaux parfaits.

Les *Tortues* restent unies pendant plusieurs jours. Les femelles gardent assez longtemps les œufs dans leur oviducte. Ces œufs ont une coque assez solide : la femelle les dépose dans des trous qu'elle creuse dans des lieux exposés aux rayons du soleil et les abandonne ainsi. Les petits qui en sortent sont loin de présenter la forme qu'il doivent acquérir un jour ; leur carapace est toujours unie et de forme hémisphérique.

*Lézards.* Bien différents des autres reptiles, les Lézards sont très-ardents en amour ; les mâles se livrent, au printemps, des combats acharnés pour la possession des femelles. La plupart des mâles ont deux pénis courts, cylindriques, hérissés d'épines ; le *Crocodile* n'en a qu'un seul. — Les femelles ont chacune deux ovaires, ordinairement plus étendus que ceux des oiseaux, où les œufs prennent un accroissement très-grand. Elles pondent de 7 à 9 œufs à enveloppe plus ou moins dure qu'elles placent dans un trou particulier à chaque pondeuse ; parfois cependant quelques espèces déposent leurs œufs dans un nid commun.

L'éclosion des œufs est confiée à la chaleur atmosphérique. Quelques Lézards sont vivipares, en ce sens que les petits sortent de l'œuf très-peu de temps après la ponte.

*Serpents.* Comme les Lézards, ces reptiles ont double pénis pour répondre aux deux ovaires de la femelle. L'accouplement est très-long. Au bout de quelques semaines, la ponte des œufs, à coquille molle, a lieu, et la mère les cache dans le sable où ils éclosent par l'effet de la chaleur ambiante.

Il est des espèces, comme les *Vipères* et les *Crotales*, dont les petits sortent du cloaque tout formés, l'éclosion des œufs ayant lieu dans le corps de la mère. Ces espèces sont dites *ovo-vivipares*.

Les Serpents comme les Lézards font exception à la règle générale relative à la froideur du sens génésique chez les Reptiles. En effet, on prétend que ces animaux s'enlacent et se tiennent rapprochés par des nœuds réciproques, et même qu'ils se dardent des baisers et entrelacent leurs langues.

*Oiseaux*. La génération ovipare peut être prise, dans cette classe, comme le type du genre. Cependant, cela ne peut concerner que la constitution des œufs, car les organes de la fécondation sont loin d'offrir la même perfection. En effet, les Oiseaux mâles sont dépourvus de pénis : une sorte de tubercule érectile qui agit par affriction en tient lieu. Il n'y a pas d'intromission par conséquent. Il faut excepter toutefois l'Autruche, le Canard, l'Oie, etc., qui ont une verge assez volumineuse et exercent une copulation non douteuse.

« Les testicules, qui, dans l'Homme et dans la plupart des Quadrupèdes, sont à peu près les mêmes en tout temps, se flétrissent dans les Oiseaux et se trouvent pour ainsi dire réduits à rien après la saison des amours, au retour de laquelle ils renaissent, prennent une vie végétative et grossissent au delà de ce que semble permettre la proportion du corps. » (BUFFON.)

Les femelles sont pourvues d'ovaires qui communiquent avec le *cloaque ;* celui-ci est une poche ou vestibule qui se trouve à l'extrémité du canal intestinal et qui reçoit les orifices des voies génératrices, urinaires et de défécation. — Nous avons vu qu'il existe un cloaque chez les Reptiles et la plupart des Poissons; les Mammifères monotrêmes le présentent également.

L'acte génésique chez les Oiseaux est très-court, mais souvent renouvelé. Les œufs sont revêtus au moment de la ponte d'une coque calcaire. La mère en opère l'incubation en les couvant, et les petits en éclosent au bout de 2 à 4 semaines.

Les Oiseaux sont généralement ardents en amour. Dans beaucoup d'espèces, comme les Pigeons, les Perroquets, etc., la jouissance est précédée de baisers et de tendres caresses.

*Mammifères.* — Dans cette classe, qui est la plus élevée de la série, les organes de génération sont aussi les plus perfectionnés. L'appareil est composé des mêmes parties que celui de l'espèce humaine : il y a, par conséquent, toujours accouplement proprement dit dans l'acte de la fécondation.

Mais la copulation s'exerce chez ces animaux de différentes façons :

Chacun sait comment s'accouplent la plupart des Quadrupèdes. L'Éléphant, malgré l'assertion de Buffon, n'agit pas différemment : seulement, vu la position de la vulve, la femelle ploie les jambes de devant pour rendre les approches du mâle plus faciles.

Les *Singes* se placent sur le dos, à peu près comme cela a lieu dans l'espèce humaine.

La *Baleine* se renverse aussi sur le dos et se trouve embrassée par le mâle.

Les *Hérissons*, les *Porcs-épics* s'embrassent ventre contre ventre, se tenant droits à cause des piquants qui recouvrent leur dos.

Les *Castors*, à cause de leur queue qui met obstacle à toute autre attitude, se tiennent aussi tout droits.

Chez les *Chiens*, les *Loups*, les *Renards*, les *Hyènes*, il y a un os dans la verge. Mais, particularité plus remarquable, pendant l'acte copulateur le gland de la verge se gonfle beaucoup, en même temps que le vagin se resserre : de là un arrêt de coït durant lequel le sperme est distillé goutte à goutte en quelque sorte, au lieu d'être dardé, circonstance qui tient à ce que ces animaux manquent de vésicules séminales tenant en réserve du sperme.

Certains animaux sexués, ovipares, opèrent la fécondation sans le concours direct ou indirect d'individus mâles. C'est ce mode singulier et exceptionnel de reproduction auquel on donne le nom de *Parthénogénèse* (de *parthenos*, vierge).

On savait depuis longtemps que les femelles des Pucerons (V. ce mot.) peuvent se reproduire de cette manière. Mais les exceptions à la règle commune ayant augmenté dans ces derniers temps, on s'est mis à rechercher la cause de ce phénomène.

M. Balbiani, qui poursuit avec habileté cette investigation depuis plusieurs années, a constaté que la vésicule germinative de Purkinje n'est pas, comme on le supposait, la seule partie qui joue le rôle essentiel dans la constitution de l'œuf non encore fécondé par le sperme ; que chez les animaux dont il s'est occupé, il existe toujours, dans l'intérieur de l'ovule en voie de développement, une autre cellule, ou groupe de cellules, qui semble être aussi un foyer d'activité physiologique et avoir même des fonctions plus importantes que celles remplies par la vésicule germinative. M. Balbiani appela d'abord cette partie de l'ovule la cellule antipode, et aujourd'hui qu'il en connaît mieux les usages, il la désigne sous le nom de *cellule embryogène*. En effet, c'est autour d'elle, et probablement sous son influence, que s'organise le germe destiné à devenir ultérieurement un embryon, tandis que la vésicule de Purkinje, appelée improprement vésicule germinative, est le foyer primitif du travail génésique dont résulte la formation de la portion nutritive de la sphère vitelline (V. *Œuf.*)

« Observant ensuite avec beaucoup d'attention les changements qui se manifestent dans l'intérieur de ces jeunes œufs, soit chez les animaux parthénogénésiques, soit chez les femelles qui ne peuvent se reproduire qu'avec le concours du mâle, mais qui n'ont pas encore subi l'influence de celui-ci, M. Balbiani a trouvé qu'il y a toujours entre certains éléments primordiaux de l'ovule, d'origine différente, des phénomènes de conjugaison fort remarquables et offrant une ressemblance frappante avec les phénomènes de fécondation spermatique. Il a constaté aussi que cette sorte de fécondation primordiale des cellules génésiques est même une condition de développement de tout agent reproducteur, du développement de la matière spermatique chez le mâle, aussi bien que du développement de l'ovule produit par la femelle, et que, durant la première période du travail ayant pour objet la formation de nouveaux individus, les choses se passent à peu près de la même manière que chez les animaux de l'un et l'autre sexe.

« Dans le testicule ainsi que dans l'ovaire, il existe, indépendamment du stroma, ou trame générale constituant la charpente de l'organe, deux sortes de cellules : les unes, libres et reconnaissables à leur volume, sont des ovules renfermant une vésicule de Purkinje ou son homotype ; les autres, plus petites, groupées autour de la précédente, et formant par leur réunion une espèce de capsule (ou loge), dont les parois offrent les caractères propres aux tissus épithéliques

« Les choses restent dans cet état pendant le jeune âge ; mais, à l'époque où l'activité fonctionnelle de l'appareil génital se manifeste, il n'en est plus de même. M. Balbiani a vu qu'alors des rapprochements, des soudures, des conjugaisons s'opèrent entre les ovules ou cellules centrales et les cellules périphériques ou pariétales, mais que le mode de groupement de ces parties élémentaires varie suivant la nature du produit à obtenir, et que ce produit est un ovule proprement dit, un ovule femelle renfermant un germe apte à devenir embryon, ou bien une vésicule spermogène, un œuf mâle destiné à fournir des spermatozoïdes, suivant que le travail physiologique a principalement son siége dans les cellules pariétales ou immédiatement autour de la cellule centrale.

« Dans le testicule ou dans la glande hermaphrodites, là où les spermatozoïdes doivent naître, les cellules pariétales, qui entourent la cellule ovulaire en voie de développement, se multiplient très-rapidement et constituent, autour de chacune de ces cellules centrales, une couche capsulaire qui s'accroît en même temps que la partie incluse. Celle-ci, c'est-à-dire l'ovule primordial, bourgeonne en grandissant, et émet par ce moyen une nouvelle génération de cellules secondaires qui sont disposées radiairement et s'avancent vers la couche périphérique; puis chacune de ces cellules secondaires se soude à la cellule pariétale qui lui fait face, et il se forme ainsi un grand nombre de couples de cellules conjuguées, composées chacune de deux éléments génésiques distincts par leur origine. Or, chacun de ces couples devient alors le foyer d'un travail plus actif : la cellule pariétale ou épithélique, en bourgeonnant, donne naissance à un nombre variable de cellules pédonculées, qui se multiplient à leur tour par scissiparité (ou division spontanée) et donnent ainsi naissance à une seconde génération de cellules dont chacune, en se développant, devient un animalcule spermatique. Les petits êtres filiformes ainsi produits adhèrent d'abord à la cellule mère par leur extrémité céphalique ; mais, pendant que leur développement s'achève, cette cellule centrale, comparable à une vésicule purkinjienne, disparaît complétement, et les spermatozoïdes devenus libres se mettent à nager dans le liquide ambiant.

« Dans l'intérieur de l'ovaire, on observe des phénomènes analogues, mais moins complexes. La cellule centrale (ou ovule) reste en général simple, c'est-à-dire ne s'entoure pas de bourgeons ou cellules secondaires; et dans l'état normal le phénomène de conjugaison dont il a été question ci-dessus, au lieu de se manifester sur un grand nombre de points, est complétement localisé : une seule des cellules épithéliales dont se compose la paroi de la capsule du follicule ovarien se soude à la cellule centrale; souvent elle reste visible pendant fort longtemps, et elle constitue la vésicule embryogène dont il a déjà été question au commencement de ce rapport. En effet, c'est autour d'elle que la substance constitutrice du germe s'organise, et ce germe en se développant devient l'embryon.

« M. Balbiani a constaté que, chez les Pucerons, toute cette portion du travail organisateur de l'embryon s'effectue de la même manière chez les individus fécondés et chez les individus parthénogénésiques; toujours il y a, dans le principe, conjugaison de cellules hétérogènes, phénomène fort analogue à la fécondation qui s'opère chez les Plantes par suite du contact de la matière pollinique avec le tissu utriculaire né dans l'ovaire : et chez les Animaux à reproduction solitaire, de même que chez les Végétaux, cette sorte de fécondation suffit pour déterminer la totalité du mouvement génésique nécessaire à la production d'un nouvel individu réalisant le type des êtres dont il descend; mais, chez les animaux ordinaires, le travail provoqué de la sorte s'arrête bientôt. si une nouvelle impulsion du même ordre n'y est imprimée par la conjugaison du germe et de la matière spermatique. Enfin, il résulte des expériences de Newport que la fécondité spermatique est à son tour insuffisante pour déterminer la totalité du travail complémentaire nécessaire à la production d'un individu viable, si cette fécondation n'est pas effectuée par l'action d'un certain nombre de spermatozoïdes. Lorsque ce nombre est insuffisant, l'embryon commence à se développer, mais avorte.

« M. Balbiani pense donc que la différence entre la parthénogénèse et la génération ordinaire ne dépend aussi que d'une inégalité dans le degré de puissance de l'agent fécondant primordial; que la cellule pariétale, lors de sa conjugaison avec l'ovule primitif, exerce sur celui-ci une action analogue à celle du spermatozoïde sur le germe et que, suivant le degré d'intensité de cette influence, le mouvement organisateur persiste ou s'arrête avant l'apparition de l'embryon, de même que chez les Animaux à reproduction dioïque le développement de l'embryon s'achève ou s'arrête en route, après la fécondation spermatique, suivant la quantité de matière fécondante employée. »

### § 6. — *Génération alternante.*

Il est des animaux qui, au lieu de mettre au monde une progéniture réalisant tous les caractères des individus d'où ils proviennent, donnent naissance à une série de générations dont chacune diffère de la précédente, pour revenir au type primitif après plusieurs évolutions.

« Dans le cas des *Méduses* propres, dit Agassiz, le parent pond des œufs d'où sortent des individus qui ressemblent à des Polypes. Ceux-ci ne tardent pas à se diviser, par une série d'étranglements en travers, en un certain nombre de disques qui, après plusieurs changements successifs, finissent par former autant d'individus nouveaux, identiques avec les parents sexués, mâles ou femelles, et capables à leur tour de donner des œufs. Toutefois, les individus polypiformes nés d'un œuf peuvent encore se multiplier par des bourgeons chez lesquels s'opèrent les transformations qu'on vient de décrire. La souche elle-même ne meurt point, et peut elle aussi se développer et passer par la répétition des mêmes phases. »

Il ne faut pas confondre la *Génération alternante* avec la Métamorphose.

Dans la *Métamorphose*, en effet, l'être sorti de l'œuf subit, l'une après l'autre, directement, toutes les transformations par lesquelles il doit passer avant d'arriver à sa forme définitive. Quel que soit l'individu, dans une espèce, il passera toujours par la même succession d'états. — Dans la Génération alternante, au contraire, l'animal né de l'œuf, au lieu de revêtir, après des changements successifs, les caractères de son auteur, produit par bourgeonnement soit interne, soit externe, ou par scission, un certain nombre d'individus complétement différents de lui-même.

### § 7. *Fécondation artificielle.*

Vers la fin du siècle dernier, Spallanzani, reprenant l'idée conçue par Swammerdam et Rosel, de tenter la fécondation artificielle, et plus heureux que lui, réussit le premier et parvint à féconder artificiellement des amphibies, des ovipares et même des vivipares.

Spallanzani déroba au Crapaud terrestre une petite portion de liqueur séminale et s'en servit pour féconder avec un pinceau humecté de cette liqueur plusieurs germes ou œufs entièrement nus qu'il avait préalablement arrachés du corps d'un Crapaud femelle de la même espèce. Cette imprégnation artificielle fut suivie de fécondation.

Le même expérimentateur obtint pareil résultat dans différentes circonstances, hors de l'animal, dans l'oviducte, avec le sperme récent et gardé pendant quelques jours mélangé avec le sang, l'urine, la bile, ou dissous dans une grande quantité d'eau. Trois grains de semence ont suffi pour spermatiser une livre d'eau avec laquelle Spallanzani parvint alors à féconder presque toute la nombreuse postérité contenue dans les cordons qu'il avait arrachés du corps de la femelle. » (*Dict. de méd.* en 60 vol.)

Mais ce qui fit le plus de bruit et causa le plus grand étonnement, ce fut la fécondation artificielle d'une Chienne. Le plus difficile peut-être était d'obtenir du sperme du mâle. Spallanzani y parvint; il en injecta dix-neuf grains dans l'utérus de la femelle en rut au moyen d'une petite seringue. La Chienne fut fécondée et mit bas trois petits chiens au terme ordinaire de la gestation.

Cette expérience remplit d'étonnement Rossi, qui écrivit aussitôt à son ami : « Je ne sais même si ce que vous venez de découvrir n'aura pas quelque jour dans l'espèce humaine des applications auxquelles nous ne songions point et dont les suites ne sont pas légères. »

Cette prévision s'est réalisée : des tentatives ont été faites par Dehaut, Sims, Girault, qui seraient parvenus à féconder la Femme artificiellement.

Nous reviendrons sur ce sujet.

Nous ne rappellerons pas qu'on peut produire artificiellement la fécondation dans les Végétaux, en répandant la poussière pollinique sur les ovaires ; chez les Poissons, en répandant la laite du mâle sur leurs œufs, etc.

## § 8. — *Génération spontanée.*

Existe-t-il une génération d'êtres animés, si infimes qu'ils soient, sans le concours de parents ; une génération qui soit due à la seule force de la matière placée dans certaines conditions d'humidité, de fermentation, de chaleur ? Si elle existe, elle peut être appelée *spontanée*.

Les anciens admettaient la *Génération spontanée*. Suivant eux, des grenouilles, des crapauds, des sauterelles, etc., sortaient de terre tout formés et sans concours de germes préalables ; les insectes se formaient de toutes pièces dans la viande en putréfaction, etc. Ces croyances erronées se sont propagées de siècle en siècle jusqu'en 1600.

Si des êtres vivants ont pu naître de la matière sans germes ni œufs préexistants, ce ne sont que ces infiniment petits, monades, vibrions, bactéries, qui ne sont visibles qu'au microscope grossissant cinq à six cents fois. Mais ceci n'est encore qu'une supposition, et les expériences de M. Pasteur s'inscrivent en faux contre elle.

Déjà en 1638, Redi avait annoncé que les vers qui naissent dans les chairs y sont produits par des mouches. Buffon admit les idées de Needham, qui professait que si la putréfaction n engendre point d'insectes, elle donne naissance à des myriades d'animaux microscopiques.

Spallanzani soutint, au contraire, que les animalcules microscopiques qui fourmillent dans les matières organiques putréfiées proviennent de l'éclosion de germes qui flottent dans l'air en quantité innombrable.

C'est l'opinion que soutient M. Pasteur. Il lui a donné une sorte de consécration par ses expériences nombreuses, variées à l'infini, conduites avec un soin extrême pour éviter toute cause d'erreur.

Son premier mémoire, lu le 6 février 1861 à l'Académie des sciences, produisit une grande impression. En voici le résumé :

« Au moyen d'un aspirateur à eau marchant d'une manière continue, on fait passer de l'air dans un tube, où se trouve placée une petite bourre de coton-poudre ; le coton arrête une partie des corpuscules solides tenus en suspension dans l'air. En dissolvant ensuite ce coton dans un mélange d'alcool et d'éther, et laissant reposer le liquide pendant vingt-quatre heures, toutes les poussières se rassemblent au fond du tube, où il est facile de les laver par décantation. On fait alors tomber les poussières dans un verre de montre, où le reste du liquide s'évapore promptement. Les poussières ainsi recueillies peuvent être facilement examinées au microscope et soumises aux divers réactifs.

« En opérant de cette manière, M. Pasteur a reconnu qu'il y a constamment dans l'air, en quantités variables, des corpuscules dont la forme et la structure annoncent qu'ils sont organisés.

« A ces corpuscules aériens arrêtés au passage et bientôt rendus libres par l'ingénieux procédé imaginé par M. Pasteur, faut-il attribuer l'origine des infusoires et des productions végétales que M. Pouchet rapporte à une génération spontanée? La méthode suivie par M. Pasteur pour résoudre cette question consiste à mettre les poussières aériennes ainsi isolées en présence d'une liqueur appropriée, c'est-à-dire dans l'eau contenant de l'albumine et du sucre, et à maintenir le tout dans une atmosphère inactive. On voit ainsi apparaître, au bout de vingt-quatre ou trente-six heures, des productions organiques diverses, le *bacterium termo* et plusieurs mucédinées, celles-là même que fournirait la liqueur après le même temps, si elle était librement exposée à l'air libre.

« Une autre méthode d'expérience suivie par M. Pasteur confirme et agrandit ce premier résultat. On prend un certain nombre de ballons dans lesquels on introduit le même liquide fermentescible en même quantité. On étire leurs cols à la lampe en les recourbant de diverses manières, mais on les laisse tous ouverts, avec une ouverture de 1 à 2 millimètres carrés de surface ou davantage. On fait bouillir le liquide pendant quelques minutes dans le plus grand nombre de ces ballons. On n'en laisse que trois ou quatre que l'on ne porte pas à l'ébullition. Puis on abandonne tous ces ballons dans un lieu où l'air soit calme.

« Après vingt-quatre ou quarante-huit heures, suivant la température, le liquide des ballons, qui n'a subi aucune ébullition, se trouble et se couvre peu à peu de moisissures diverses. Le liquide des autres ballons reste limpide, non pas seulement quelques jours, mais durant des mois entiers. Cependant tous les ballons sont ouverts ; sans nul doute ce sont les sinuosités et les inclinaisons de leurs cols qui garantissent leur liquide de la chute des germes. L'air, il est vrai, est entré brusquement à l'origine, mais pendant toute la durée de sa rentrée brusque le liquide, très-chaud et lent à se refroidir, faisait périr les germes apportés par l'air, puis quand le liquide est revenu à une température assez basse pour rendre possible le développement de ces germes, l'air rentrant très-lentement laissait tomber ces poussières à l'ouverture du col, ou les déposait en route sur les parois intérieures diversement infléchies. Aussi, quand on vient à détacher le col de l'un des ballons par un trait de lime et à placer verticalement la portion restante, on voit après un jour ou deux le liquide donner des moisissures ou se remplir de *bacterium.* »

La question ne paraît cependant pas définitivement jugée pour tout le monde. Pouchet, Musset, Joly, Frémy, Trecul, Onimus ont essayé de battre en brèche la doctrine panspermiste de M. Pasteur, d'après laquelle non-seulement les animaux les plus infimes mais encore les végétations les plus simples, comme les moisissures, la levûre, etc., ne se développent pas dans l'air absolument pur, c'est-à-dire privé de ses poussières. Ainsi, suivant Pasteur, les poussières de l'air contiennent tous les germes des proto-organismes; bien plus, ces germes sont autonomes, ils ne se transforment pas et conservent leurs caractères propres.

Les partisans de la Génération spontanée (les *Hétérogénistes*) opposent à leurs adversaires (les *Panspermistes*) une conclusion finale qui est comme une sorte de compromis : « La genèse primaire dite spontanée, disent-ils, suit les mêmes procédés que la génération normale. Différente à tous égards des opinions erronées des anciens et des modernes, leurs imitateurs, elle ne produit en aucune façon des organismes de toute pièce, mais seulement des ovules spontanés qui, sous l'empire de forces analogues à celles qui président aux phénomènes de l'ovulation dans la matrice, se développent dans la membrane proligère, laquelle est analogue à la pellicule qui se forme à la surface des infusions. »

# CHAPITRE QUATRIÈME

## FÉCONDATION CONSIDÉRÉE DANS L'ESPÈCE HUMAINE

Nous abordons une des plus délicates parties de notre œuvre. L'intérêt qui s'attache à ce sujet nous fait une obligation d'étudier d'une façon toute spéciale, et plus complètement que nous ne l'avons fait dans les espèces animales, l'appareil génital de l'Homme et celui de la Femme. Comment pourrions-nous comprendre le mécanisme de fonctions aussi compliquées que celles qui président à la production d'un être humain, si nous ne connaissions les organes qui les exécutent ?

Afin de mettre de l'ordre et de la clarté dans les nombreuses questions que nous allons examiner, nous diviserons notre sujet en quatre chapitres principaux, intitulés : 1° Description et rôle des organes génitaux de l'Homme; — 2° Description et rôle des organes génitaux de la Femme; — 3° Hermaphrodisme; — 4° Phénomènes intimes de la Fécondation.

## SECTION Ire

### DESCRIPTION ET RÔLE DES ORGANES GÉNITAUX DE L'HOMME.

Envisagés dans leur ensemble, au double point de vue anatomique et physiologique, les organes sexuels de l'Homme constituent un véritable appareil de sécrétion. Ils offrent en effet deux glandes qui sécrètent un liquide particulier, deux réservoirs et des canaux d'excrétion.

S'il ne s'agissait, dans ce travail, que de la Fécondation, une étude rapide, superficielle, des divers instruments de la fonction nous suffirait; mais comme nous devons chercher à connaître les causes de l'Impuissance et de la Stérilité, nous sommes par cela même obligés d'étudier assez complètement l'appareil en question.

Donc nous allons décrire chaque partie qui entre dans la composition dudit appareil; ces parties sont : le Scrotum, les Testicules, le Cordon spermatique, les Vésicules séminales, les Conduits éjaculateurs, la Prostate et la Verge, dont la description sera suivie de l'examen du Sperme, produit sécrété par les glandes testiculaires (1).

*Scrotum.* — Ce mot, qui veut dire *bourse*, désigne cette espèce de poche dans laquelle sont contenus les deux testicules. Ses parois sont formées de plusieurs membranes superposées, dont la description anatomique nous intéresse peu d'ailleurs ; une cloison interne sépare les deux glandes.

*Testicules.* — Ce sont les organes essentiels, caractéristique, du sexe masculin ; ils se présentent sous la forme de deux corps glanduleux, ovoïdes, logés dans le scrotum et suspendus par le cordon spermatique dont nous allons parler tout à l'heure. Ils ont pour fonction de sécréter la liqueur fécondante, connue sous le nom de sperme.

Les anatomistes distinguent dans le Testicule : 1° le *corps* de l'organe, qui est constitué par un tissu mou, formé d'une masse de filaments très-ténus, flexueux, considérés comme des conduits sémi-

(1) Le lecteur étranger aux connaissances anatomiques doit être averti que notre étude ne peut être ici que superficielle; toutefois, si elle lui suffit pour l'intelligence des actes physiologiques, il ne doit pas exiger davantage.

nifères ; — 2° l'*épididyme*, petit corps allongé, oblong, vermiforme, couché le long du bord supérieur du testicule, et auquel aboutissent les *conduits séminifères*, qui se résument en un seul conduit, le Canal déférent, dont suit plus bas la description.

*Cordon spermatique.* — Nous avons déjà parlé de ce cordon, qui part de la petite extrémité ou *queue* de l'épididyme, pour remonter vers le canal inguinal et pénétrer dans l'abdomen. Il est composé de plusieurs éléments : artères, veines, vaisseaux lymphatiques, tissu cellulaire, etc.

Mais la plus importante de ses parties composantes est sans contredit le *Canal déférent* ; c'est le conduit par lequel le fluide spermatique se dirige vers son réservoir, la vésicule séminale.

Au moment où le cordon spermatique entre dans l'abdomen, toutes ses parties composantes s'éparpillent suivant leur source ou leur destination particulière, tandis que le Canal déférent se dirige en arrière, en bas et en dedans sur les côtés de la vessie, où il reçoit le conduit de la vésicule séminale qui lui correspond.

*Vésicules séminales.* — Ce sont deux petites poches membraneuses, de forme conoïde aplatie, bosselées à leur surface, et situées obliquement, une de chaque côté, à la partie inférieure et postérieure de la vessie, en dehors du canal déférent correspondant. Ces espèces de poches sont les réservoirs destinés à tenir provision de sperme.

*Conduits éjaculateurs.* — De l'extrémité antérieure de chaque vésicule séminale part un très-petit et court conduit qui s'ouvre dans le canal déférent ; de cet abouchement résulte le *Conduit éjaculateur*, de 2 à 3 centimètres de longueur. Au nombre de deux et de la longueur de 2 centimètres environ, les Conduits éjaculateurs marchent parrallèlement en avant dans l'épaisseur de la prostate, s'accolent l'un à l'autre et s'ouvrent dans l'urètre par un orifice oblong sur les côtés du verumontanum. (V. *Urètre.*)

*Prostate.* — Corps charnu, glanduleux, du volume d'une noix environ, unique et symétrique, qui embrasse le col de la vessie et l'origine du canal de l'urètre. Sa forme est celle d'un prisme losangique, dont la grosse extrémité regarde en arrière et le sommet en avant. Son tissu, dur, friable, est formé d'un assemblage de granulations réunies en lobules d'où naissent de tout petits conduits qui s'ouvrent dans la partie postérieure et inférieure du canal urétral, lequel traverse la glande sur sa face supérieure.

La Prostate livre passage, dans l'épaisseur de son tissu, aux canaux ou conduits éjaculateurs ci dessus mentionnés, lesquels sont chargés de diriger le sperme dans l'urètre au moment de l'éjaculation.

*Verge et urètre.* — Ce sont deux organes dont on ne peut guère séparer la description, puisque l'un est contenu dans l'autre.

La *Verge*, encore appelée *Pénis*, *Membre viril*, est cette partie cylindroïde qui, molle et pendante dans l'état de repos, se redresse, grossit et durcit sous certaines influences morales et physiques. Cette propriété de changer de consistance et de forme est due à ce qu'elle est formée en grande partie par du tissu spongieux, érectile : ce tissu forme deux parties, appelées *Corps caverneux*, qui prennent naissance à la face interne des tubérosités de l'ischion, s'unissent sous la symphise pubienne pour se confondre dans le *gland*, qui est cette espèce de cône, également érectile, placé à l'extrémité de la verge, et la terminant en embrassant par sa base l'extrémité antérieure des corps caverneux.

*Urètre.* — Les corps caverneux sont séparés l'un de l'autre par une membrane médiane, qui règne dans toute la longueur de la verge, sauf le gland. Au bord inférieur de cette membrane règne le *canal de l'urètre*, qui, prenant son point de départ à la vessie, s'étend jusqu'à l'extrémité du gland.

Le canal urétral présente deux portions qu'il faut distinguer : l'une est en avant, mobile, et suit les mouvements de la verge ; l'autre est en arrière, plus fixe, à concavité regardant en haut pour se mouler sur la convexité de la symphyse du pubis.

La première est appelée *portion spongieuse ;* elle est logée, comme il vient d'être dit déjà, dans la gouttière des corps caverneux, à la face inférieure de la verge, où elle se montre presque sous-cutanée ; son extrémité antérieure est nommée *méat* urinaire : c'est le point le moins dilatable de l'urètre ; immédiatement derrière le méat est la *fosse naviculaire*, courte portion du canal susceptible de dilatation.

Quant à la portion sous-pubienne de l'urètre, elle se compose de la *portion membraneuse*, point très-étroit et peu dilatable ; plus en arrière est la *portion prostatique*, celle qui traverse la prostate. Celle-ci offre sur sa paroi inférieure une sorte de crête muqueuse, appelée *verumontanum*, sur les côtés de laquelle s'ouvrent les conduits éjaculatoires, précédemment décrits, ansi que les conduits des *glandules* prostatiques, et plus en avant ceux des *glandes de Cowper*.

La Verge est recouverte d'une peau fine. Collée aux corps caverneux, cette peau devient libre en avant pour former le *prépuce*, lequel est très-mobile, couvre et découvre le *gland* selon les circonstances. Le prépuce est tapissé sur sa face interne par une membrane muqueuse qui se réfléchit en arrière sur le gland, présentant là, derrière la *couronne*, des follicules qui fournissent une humeur très-odorante; il est fixé à son extrémité antérieure et inférieure par un court repli de la muqueuse qu'on nomme *frein*.

Certains muscles appartiennent à la verge et jouent un rôle très-important dans l'acte de l'éjaculation spermatique. Nous aurons à les faire connaître bientôt.

*Sperme*, encore appelé *semence, fluide séminal, fluide prolifique*, etc. — C'est un liquide épais, filant, d'une couleur blanchâtre, plus pesant que l'eau, d'une odeur *sui generis*, sécrété par les testicules.

Le Sperme est composé, d'après Vauquelin, de : eau, 900; mucilage animal, 60; soude, 10; phosphate de chaux, 30; il est légèrement alcalin. Examiné au microscope, il présente une partie fluide, des globules analogues aux globules muqueux, des granules élémentaires, et par-dessus tout des corpuscules filiformes, doués de mouvement, auxquels on a donné les noms de *Sperma-*

*tozoïdes*, d'*Animalcules spermatiques* et de *Zoospermes*.

Les Spermatozoïdes ont été découverts en 1677 par un étudiant allemand. Leuwenhoeck en fit le sujet d'études suivies. Ces êtres microscopiques présentent une partie renflée, appelée *tête*, terminée par un filament désigné sous le nom de *queue*. Il existe des Zoospermes dans le fluide séminal de tous les animaux; mais ils diffèrent dans chaque espèce, étant toutefois toujours identiques chez les individus de la même espèce. Ils manquent ou sont mal formés chez les métis et les mulets.

L'animalité des Spermatozoïdes est très-contestée; on croit généralement que ces êtres singuliers ne sont que de simples cellules embryonnaires, douées de mouvement, sans vie proprement dite. — S'ils sont de véritables animaux, ils doivent fournir un argument puissant en faveur de la Génération spontanée. (V. ce mot.)

Les Animalcules spermatiques sont plus ou moins nombreux, doués de plus ou moins d'énergie et de densité; ils peuvent manquer complétement chez certains malades. D'après Duplay, la sécrétion spermatique s'effectue encore chez les vieillards de 86 ans, et on y trouve des Spermatozoïdes. D'après Gosselin, le nombre de ces êtres va en augmentant depuis le testicule et l'épididyme, où ils sont rares, jusqu'aux vésicules séminales, où ils sont nombreux. Ils se formeraient donc, non dans les testicules, mais après la sécrétion du sperme, ce qui ne se conçoit guère. Mais la chose est possible, puisque chez les Animaux, le Chien, par exemple, les Zoospermes ne se montrent qu'au moment du rut.

Le Dr Girault prétend, d'après ses recherches, que dans la jeunesse de l'Homme les Spermatozoïdes ont la partie antérieure ou tête mince et allongée, et que la partie postérieure ou queue est longue et se distingue très-bien. Mais, chez l'Homme après 55 ans, la tête grossit et la queue se raccourcit, puis vient une époque où ces espèces de têtards n'ont plus de queue : la tête a alors tout envahi. Il leur reste bien encore des mouvements, comme les battements du cœur ; mais la progression est devenue impossible. On peut expliquer par là, ajoute M. Girault, pourquoi l'Homme âgé, quoique pouvant encore opérer l'acte de la copulation, procrée rarement des enfants, l'être animé qui doit féconder l'ovule n'ayant plus la faculté de se diriger jusqu'à l'ovaire.

## SECTION II.

### DESCRIPTION ET RÔLE DES ORGANES GÉNITAUX DE LA FEMME.

Quoique d'une organisation plus simple que celui de l'Homme, l'appareil génital de la Femme peut être considéré comme un appareil de sécrétion. Il présente, en effet, deux glandes (Ovaires), des canaux déférents (Trompes), un réservoir (Matrice) et un canal d'excrétion (Vagin).

En procédant de l'extérieur à l'intérieur, nous rencontrons les sujets d'études suivants : Vulve, Vagin, Utérus, Trompes de Fallope, Ovaires.

La Menstruation, fonction physiologique, terminera ce chapitre.

*Vulve.* — On désigne par ce mot les parties extérieures de l'appareil génital de la femme. Parmi ces parties, celles qu'il nous importe de connaître, sont, 1° les *Grandes Lèvres*, deux replis membraneux qui s'unissent, en bas et en arrière, à 3 ou 4 centimètres de l'anus ; 2° les *Petites Lèvres* ou *Nymphes*, deux replis plus profondément situés, beaucoup plus petits, formés par la muqueuse des grandes lèvres, à la face interne desquelles ils se terminent en s'y con-

8

fondant ; 3° le *Clitoris*, tubercule allongé ayant un peu la forme de la verge, susceptible comme elle d'érection, mais petit, sans canal à l'intérieur, et situé entre les petites lèvres à leur naissance ; 4° immédiatement au-dessous du Clitoris est l'*Orifice de l'urètre* ; 5° plus en-dessous et en arrière, l'*Entrée du vagin*.

*Vagin*. — Canal membraneux, long de 11 à 12 centimètres, qui commence à la vulve et se termine à l'utérus, dont il embrasse le col. Il est situé entre la vessie et le rectum, obliquement dirigé de bas en haut et d'avant en arrière dans l'excavation du sacrum. Son ouverture externe est fermée, chez les vierges, par une membrane appelée *Hymen*, dans laquelle se trouve ménagé un pertuis pour donner issue au sang menstruel.

Le canal vaginal est très-dilatable, d'un diamètre plus grand en haut qu'en bas ; à son entrée, ses parois sont formées par une couche musculaire appelée *Muscle constricteur du vagin*. Une membrane muqueuse à rides transversales nombreuses et parsemée de glandules ou bulbes sécrétoires tapisse sa face interne.

Le Vagin donne issue au sang menstruel, reçoit le membre viril dans l'acte copulateur, et procure un large passage au produit de la conception, grâce à sa grande faculté de dilatation.

*Utérus* ou *Matrice*. — Organe musculeux, creux, ayant la forme d'une poire renversée et un peu aplatie d'avant en arrière, situé à l'extrémité supérieure du vagin, entre la vessie et le rectum. Sa grosse extrémité est dirigée en haut : c'est le *Corps de l'utérus*, arrondi, recouvert par l'intestin grêle et par le péritoine dont deux replis forment les *Ligaments larges*, lesquels fixent l'organe sur les côtés du bassin.

La partie inférieure, appelée *Col de l'utérus*, est embrassée par le vagin, dans la cavité duquel elle s'avance d'une longueur de 2 à 3 centimètres. Ce *col* fait donc saillie dans le vagin ; il présente une fente transversale, connue sous le nom de *Museau de Tanche*, qui est l'ouverture de la matrice.

Outre les ligaments larges précités, l'Utérus est maintenu en position par deux autres replis du péritoine, appelés *Ligaments ronds*, sortes de cordons blanchâtres qui, partant des côtés de l'organe, se dirigent vers le canal inguinal qu'ils traversent pour s'épanouir dans les tissus environnants.

La Matrice est composée de fibres musculaires très-serrées, les unes longitudinales, les autres obliques et circulaires. Sa cavité, dans le repos, est très-petite et tapissée par une membrane muqueuse très-fine. A la partie supérieure et sur les côtés de cette cavité sont les Orifices des trompes, dont voici la description :

*Ovaires et trompes de Fallope.* — Bien que la marche que nous avons adoptée prescrive de placer les Trompes avant les Ovaires, il est préférable, pour l'intelligence du sujet, de procéder à leur étude simultanée.

Les *Ovaires* sont deux organes glandulaires dans lesquels se forment les œufs ou ovules. Ils se présentent comme deux petits corps oblongs, allongés, ridés à leur surface, placés horizontalement à la partie supérieure du bassin, un de chaque côté de l'utérus, auquel ils sont fixés par un cordon fibro-séreux appelé *Ligament de l'ovaire*; par leur autre extrémité ou extrémité externe, ils répondent au Pavillon de la trompe, à la frange inférieure de laquelle cette extrémité est attachée.

La *Trompe de Fallope* est l'oviducte de l'ovaire, séparée de lui par la partie supérieure du ligament large; elle est d'une longueur d'environ 10 à 12 centimètres, droite dans sa moitié interne, flexueuse dans l'autre moitié, qui va s'élargissant. Chaque Trompe va des angles de l'utérus vers les ovaires, se terminant là par une extrémité évasée et frangée, qui est le *Pavillon de la trompe*, déjà mentionné. Parmi les franges ou languettes flottantes du pavillon, il en est ordinairement une ou deux plus longues qui adhérent à l'Ovaire. Le canal de la Trompe est très-étroit, caché dans la duplicature du ligament large.

Les Ovaires contiennent un grand nombre de petits sacs membraneux, de volumes divers, appelés *Vésicules de Graaf* ou *Ovariques*. Au centre de ces vésicules est un corps extrêmement petit, microscopique en quelque sorte, qu'on nomme *Ovule*. C'est ce petit corps, cet Ovule, qui donne naissance à l'embryon après la fécondation. Cet Ovule fécondé se dirige dans l'Utérus en parcourant la Trompe de Fallope.

*Menstruation.* — La Menstruation est aux ovaires ce qu'est la Sécrétion spermatique aux testicules.

Comme nous avons parlé du Sperme en nous occupant des organes génitaux de l'Homme, nous devrions examiner ici ce qui a rapport au Flux menstruel, mais c'est là un sujet très-complexe, dont la place sera mieux marquée au chapitre des fonctions génitales de la Femme.

## SECTION III.

### HERMAPHRODISME.

Nous avons vu que l'Hermaphrodisme vrai se montre dans certaines espèces d'Animaux placés au bas de l'échelle. Dans l'espèce humaine, il n'a jamais existé, bien que « le mot n'ait pas cessé d'éveiller dans l'esprit du vulgaire l'idée d'un être merveilleux, à la fois homme et femme, pouvant remplir le double rôle dans l'acte de la reproduction, acte dévolu à chacun des deux sexes. »

Le prétendu hermaphrodisme humain n'est autre chose qu'un vice de conformation des organes génitaux, qui fait que l'individu qui le présente offre, avec l'apparence d'un sexe, quelques-uns des caractères de l'autre, mais sans qu'aucun rôle lui soit dévolu dans les fonctions génératrices, sauf certaines exceptions.

Par des études d'embryogénie délicates, patientes, on est parvenu à se rendre compte du mode d'action de la Nature dans ses écarts, de l'erreur de la force vitale à laquelle on doit les monstruosités et tous les genres d'hermaphrodisme. Ces études ne nous importent point. Il nous suffit d'en consigner les principaux résultats.

L'auteur de l'article Hermaphrodisme du *Dictionnaire de médecine et de chirurgie* divise ce sujet en hermaphrodisme apparent et en hermaphrodisme vrai. Nous suivrons cette division.

*Hermaphrodisme apparent.* — Les Hermaphrodites apparents du sexe masculin ne sont que des hypospades très-profonds. (V. *Hypospadias.*) « Le scrotum, bien réuni sur la ligne médiane, forme de chaque côté deux replis plus ou moins épais qui simulent des grandes lèvres, mais entre lesquels on ne trouve le plus souvent qu'un cul-de-sac peu profond ou même une simple dépression. Dans quelques cas cependant on rencontre les apparences d'une vulve presque normale, et entre les replis de la peau s'ouvre un semblant de vagin qui atteint quelquefois une longueur de 6 à 8 centimètres, mais dont l'étroitesse et la brusque terminaison indiquent la nature réelle.

Sur ce point, il est une remarque importante à faire, c'est que les individus réputés femmes ont eu, soit dans le mariage, soit en se livrant à la débauche, à subir les approches d'un homme, et que les tentatives répétées du coït ont amené peu à peu l'élargissement et le refoulement de cet infundibuliforme. L'urètre, dans tous les cas, s'ouvre au-dessous du prolongement pénien, plus ou moins en arrière. » (Tardieu.)

Chez la plupart de ces individus, les testicules et leurs annexes sont restés retenus à l'intérieur de l'abdomen, et ils sont en même temps hypospades et cryptogames.

Ambroise Paré parle d'un jeune garçon considéré comme femme et dont les testicules descendirent dans un effort violent pour sauter un fossé.

Marie Göttlich, dit Landouzy, baptisé comme

fille, livré à de fréquents rapports sexuels avec les hommes depuis l'âge de neuf ans, vit ses testicules descendre à l'âge de trente-trois ans.

Ricco rapporte l'observation de Maria Arsano, mort à quatre-vingts ans, lequel fut réputé femme pendant sa vie et marié comme telle. Ce n'est qu'à l'autopsie qu'on découvrit son véritable sexe.

Alexandrina B... a été élevé dans les couvents et dans les pensionnats de jeunes filles jusqu'à l'âge de vingt-deux ans ; rendu à son véritable sexe par un jugement du tribunal de la Rochelle, il termina par le suicide sa misérable existence.

Dans ces exemples, et dans tous les cas analogues, —car les variétés sont nombreuses,— les principaux attributs de la virilité, barbe, timbre de la voix, manquent, et sont remplacés au contraire par une apparence féminine qui favorise l'erreur sur le véritable sexe. Les facultés affectives et les dispositions morales en subissent aussi le contre-coup ; mais une large part doit être faite aux habitudes et aux genres d'occupations qu'impose l'erreur commise.

Quant aux impressions sensuelles, la plupart des hermaphrodites n'en éprouvent d'aucun genre. Ceux dont la malformation des organes sexuels est la moins complète ne sont pas éloignés du commerce des femmes ; ils peuvent ressentir des désirs, des jouissances, et l'orgasme vénérien peut aller jusqu'à l'émission du sperme.

Le penchant peut changer de direction. Marie Göttlich, déjà cité, après avoir manifesté un goût très-vif pour le commerce des hommes, fut ramené, par la descente des testicules, à des instincts tout opposés et en rapport avec son véritable sexe.

L'Hermaphrodisme apparent *dans le sexe féminin* donne moins facilement accès à l'erreur en général. En effet, l'imperforation, l'absence du vagin, la non-existence de l'utérus même, n'empêchent pas que les parties externes soient bien conformées. Cependant, il est des cas où, d'une part, le clitoris est tellement développé qu'il peut être pris pour une verge, et, d'autre part, où les ovaires font saillie dans les grandes lèvres de manière à faire croire à la présence des testicules.

Ex. : Home cite l'exemple d'une négresse mandingo, âgée de vingt-quatre ans, à voix rauque, à physionomie mâle, chez laquelle le clitoris avait deux pouces de long, entrait facilement en érection et avait toute l'apparence d'une verge imperforée.

Montaigne rapporte l'histoire d'un moine d'Issoire qui accoucha dans sa cellule, fait analogue à celui de ce soldat hongrois qui mit au monde un enfant en plein champ.

Ces individus n'avaient du sexe masculin que des

signes extérieurs trompeurs, résultant principalement d'un développement exagéré du clitoris.

« En résumé, la difformité des organes génitaux externes chez les hermaphrodites du sexe féminin, varie depuis l'existence d'une vulve presque normale jusqu à celle d'un scrotum. Quant au clitoris, il peut atteindre les dimensions d'une véritable verge.

« Pour les organes internes, utérus, trompes et ovaires, on les trouve, mais bien rarement, assez régulièrement conformés pour que la menstruation existe et que la grossesse même puisse se produire. Ce n'est que dans ces cas que les goûts et les instincts sont absolument ceux de la Femme ; mais, le plus souvent, l'utérus et les ovaires n'existent que plus ou moins atrophiés et pour ainsi dire à l'état latent, et on se trouve en face, soit de passions manifestement viriles, ce qui est une véritable exception, soit d'une neutralité physiologique absolue. comme dans les cas correspondants d'Hermaphrodisme chez l'Homme. »

*Hermaphrodisme vrai.*— Dans ce type, qui présente trois variétés principales, on trouve les organes caractéristiques de l'un et de l'autre sexe chez le même individu.

L'Hermaphrodisme est dit *latéral* quand, le corps

supposé partagé en deux moitiés par un plan vertical antéro-postérieur, l'un des côtés contient des organes mâles et l'autre des organes femelles.

L'Hermaphrodisme est *vertical* ou *double* quand, du même côté de la ligne médiane, il s'est formé à la fois un organe mâle et un organe femelle, et qu'on rencontre en même temps, d'un même côté, trompe, utérus, épididyme et vésicules séminales, ou bien testicules, trompe et utérus. Il va sans dire que ce n'est qu'après la mort que ces particularités d'organisation peuvent être constatées.

Voici un exemple d'*Hermaphrodisme bi-sexuel*. « Rokitansky a présenté, en 1869, à la Société de médecine de Vienne, les résultats de l'autopsie d'un nommé Hoffmann, chez lequel il trouva deux ovaires avec leur trompe, un utérus rudimentaire et, de plus, un testicule avec canal déférent contenant des Spermatozoïdes. Cet individu, qui était régulièrement menstrué, avait un pénis imperforé et un scrotum bifide. L'indifférence sexuelle était absolue. »

Terminons par l'observation d'un sujet plus extraordinaire encore :

« Dorothée Perrier, née en Russie le 17 août 1790, est un des Hermaphrodites qui ont fixé l'attention d'un plus grand nombre de médecins. Il fut inscrit sur le registre des naissances comme fille, et eut, à l'époque de sa puberté, un écoulement menstruel qui ne se renouvela que pendant six mois. Le docteur Hufeland, l'ayant scrupuleusement examiné, en 1801, se prononça pour le sexe féminin. Après un examen non moins scrupuleux, J. Franck avoua qu'il penchait pour le sexe masculin. Dorothée Perrier parcourut successivement la Prusse, l'Autriche, l'Allemagne, l'Angleterre et la France, se montrant à tous les hommes de l'art qui désiraient la voir : les uns la déclarèrent Homme, les autres Femme, sans qu'il y eût de preuves plus convaincantes pour le sexe masculin que pour le sexe féminin.

« Entrée à l'hôpital pour une grave maladie, Dorothée fut placée dans la salle des hommes, où elle succomba quelques jours après. Le chirurgien de service, surpris de voir à ce cadavre des mamelles aussi grosses que celles d'une femme, eut la curiosité d'examiner les parties génitales. Au premier coup d'œil il aperçut les deux sexes situés l'un au-dessous de l'autre : le membre viril en haut, la vulve en bas. Après s'être bien assuré que le membre n'était pas un clitoris fortement développé et la vulve un vain simulacre, le chirurgien procéda aussitôt à la dissection des organes génitaux intérieurs : il trouva un canal déférent qui, partant des testicules, allait s'ouvrir dans une vésicule séminale située à droite. Cette vésicule communiquait au canal de la verge par un conduit éjaculateur Entre la vessie et le gros intestin existait une matrice aplatie pourvue d'une trompe et d'un ligament : l'ovaire situé à gauche était parfaitement sain et de la grosseur d'une aveline.

« En face de cette organisation androgyne si frappante, les médecins et chirurgiens de l'établissement avouèrent qu'ils ne voyaient aucune impossibilité à ce que Dorothée Perrier eût pu se féconder elle-même sans le secours d'un Homme. Ce cas d'Hermaphrodisme complet est vraiment extraordinaire, et nous en avons rapporté l'observation telle quelle, sans y ajouter aucun commentaire. »

## SECTION IV.

### PHÉNOMÈNES DE LA FÉCONDATION.

Nous ne reviendrons pas sur les considérations générales précédemment émises sur la Fécondation ovipare (V. p. 88.), mode auquel le sujet actuel appartient. Mais il est essentiel de rappeler qu'il s'agit maintenant d'étudier cette grande fonction dans l'espèce humaine, où elle présente une série d'actes des plus importants.

Il faut diviser ce chapitre en trois paragraphes principaux : 1° Rôle de l'Homme. — 2° Rôle de la Femme. — 3° Phénomènes intimes de la Fécondation. Après quoi il sera dit un mot, 4°, de la Fécondation artificielle de la Femme.

### § 1er. — *Rôle de l'Homme dans la Fécondation.*

Pour que ce rôle s'accomplisse dans de bonnes conditions, il faut que l'Homme ait atteint l'âge pubère ; qu'il soit en érection ; qu'il y ait intromission du pénis, et enfin éjaculation.

*Puberté.* — La tâche que nous avons entreprise nous aurait exposé à de nombreuses répétitions, si nous n'eussions mis tout l'ordre qu'il nous a été possible dans la distribution des matières et dans la méthode d'exposition. En effet, l'article Puberté, quoique trouvant ici sa place légitime, a dû, avec non moins d'opportunité, être traité au chapitre de la Fécondité. Nous y renvoyons donc le lecteur. (V. p. 62.)

Nous devons en faire autant pour l'étude du Sperme, qui a été introduite dans l'exposé du rôle des organes génitaux de l'Homme.

Rappelons seulement que, parmi les divers changements qui s'opèrent chez les garçons au double point de vue du physique et du moral, au moment où ils deviennent pubères, le plus important, le seul absolument caractéristique, consiste dans la présence des Spermatozoïdes dans la liqueur séminale.

*Érection.* — Sous l'influence d'une excitation particulière, soit spontanée et liée au besoin instinctif d'opérer l'union sexuelle, soit provoquée par des désirs nés d'une imagination qui rappelle ou crée des images de séduction et des actes voluptueux, ou par des attouchements lubriques, sans parler de l'action de certaines substances aphrodisiaques, sous ces influences diverses, disons-nous, le membre viril, de mou et pendant qu'il était, se gonfle, s'allonge et devient plus dur.

L'explication physiologique de ce phénomène singulier est assez difficile à donner. Sans doute, le sang qui afflue en abondance dans les corps caverneux et qui, par son afflux même, comprime les veines, ses vaisseaux de retour, nous met sur la voie d'une explication acceptable. Mais cela rend-il compte de l'impétuosité de l'afflux sanguin, de ces érections presque instantanées sous l'influence de ce qu'on nomme l'*orgasme vénérien*, lorsqu'il est porté à son maximum d'intensité ? C'est précisément cette sorte de feu intérieur, de ferment, qu'il s'agirait d'expliquer. Tout ce que l'on peut dire à ce sujet, c'est qu'il est sous la dépendance de l'innervation ou action nerveuse du grand sympathique, laquelle relève du cerveau, principalement du cervelet; et l'orgasme vénérien est d'autant plus vif que l'Homme dans l'âge nubile est plus vigoureux et mieux portant.

Les érections provoquées par des actes contre-nature, tels que l'onanisme, la flagellation, ou par l'ingestion d'aphrodisiaques, ne sont pas aussi intenses que celles qui se manifestent au moment de posséder une femme ardemment désirée, quand toutefois l'excès d'amour ne paralyse pas les moyens, comme il sera dit au chapitre de l'Impuissance. Il est aussi des érections mécaniques, presque inconscientes, comme celles produites par le décubitus dorsal, la chaleur du lit, la replétion de la vessie et du rectum quand elle gêne la circulation veineuse.

Deux muscles jouent un rôle important dans l'érection et l'éjaculation. En voici la description succincte:

Le *muscle ischio-caverneux* est un petit muscle allongé, placé de chaque côté le long de la branche de l'ischion et de la racine du corps caverneux du pénis. Il est fixé en bas à la partie interne de la branche de la tubérosité de l'ischion, et s'attache en haut au côté externe du corps caverneux, qu'il contourne. On croit que les deux ischio-caverneux contribuent à l'érection en comprimant dans leur contraction la veine honteuse, les veines de la verge.

Le *muscle bulbo-caverneux* est situé au périnée en avant de l'anus, sur le bulbe de l'urètre, qu'il entoure ; il s'étend jusqu'au-devant de la symphise du pubis. On doit considérer comme un seul muscle penniforme les deux muscles bulbo-caverneux des auteurs. La partie médiane ou penniforme se continue avec le ligament suspenseur de la verge ; les parties latérales, à leur terminaison, se confondent avec le tissu propre du corps caverneux. Ce muscle joue un rôle dans l'érection et l'émission du sperme.

On peut résumer ce point de physiologie : Les phénomènes qui se produisent dans l'érection sont dans l'ordre suivant : excitation du gland ; afflux plus considérable du sang vers cette partie et dans les cellules du corps caverneux ; contraction des muscles bulbo et ischio-caverneux : refoulement du sang du bulbe dans le corps spongieux de l'urètre ; compression de la veine dorsale du pénis par la portion antérieure du muscle bulbo-caverneux.

*Intromission, Coït.* — Le but de ce travail étant de donner des notions aussi exactes que le comporte l'état de la science, sur la physiologie de la Reproduction, nous laissons de côté tout ce qui tient au roman, toutes ces descriptions faites pour plaire ou enflammer l'imagination plutôt que pour instruire, telles que celles touchant la voluptueuse ivresse que procurent les rapports intimes de l'Homme et de la Femme, et cette question vaine et insoluble de décider lequel des deux sexes éprouve la plus grande somme de jouissances dans l'acte vénérien, etc. En conséquence, nous allons nous borner à reproduire la description de la copulation donnée par le professeur Béclard.

« Les frottements du gland de la verge contre les surfaces nerveuses, lubrifiées et gonflées, de la vulve et du vagin, entraînent, par action réflexe, la contraction des muscles bulbo-caverneux et ischio-caverneux de l'Homme. L'érection des corps caverneux de la verge et celle du gland se trouvent ainsi portées à leurs dernières limites. Le frottement du dos de la verge contre le clitoris et contre l'ouverture de la vulve, douée en ce moment d'une vive sensibilité, amène également, par action réflexe, la contraction du constricteur du vagin et de l'ischio-caverneux, contraction qui augmente la turgescence de l'appareil érectile de la Femme, ou qui la termine si elle n'avait pas lieu au commencement du coït. L'appareil érectile de la Femme, distendu par le sang, réagit à son tour sur le membre viril.

et ainsi de suite. Enfin, lorsque la sensibilité développée sur le gland par les frottements réitérés de l'organe mâle contre l'organe femelle est arrivée à un certain degré d'exaltation, il survient dans tout l'organisme une sensation indéfinissable, accompagnée d'un sentiment de chaleur le long de l'axe cérébro-spinal, de l'accélération du pouls et d'efforts convulsifs d'expiration. La contraction des voies d'excrétion du sperme, et celle de tous les muscles du périnée, survient par action réflexe de la moelle épinière, et l'éjaculation a lieu. »

*Ejaculation.* — Nous venons de voir comment s'effectue l'émission du sperme au degré ultime de l'orgasme vénérien, par quelles puissances musculaires ce liquide est dardé sur le col de la matrice ; il doit donc paraître inutile d'insister davantage. Mais de la sécrétion spermatique proprement dite et du parcours du fluide prolifique dans ses canaux, il n'en a rien été dit encore.

Le sperme s'élabore dans les testicules ; mais, au moment de l'éjaculation, il a reçu d'autres fluides provenant de la prostate et des glandes de Cowper, qui se sont mêlés à lui. « Le testicule est composé d'éléments tubulés qui se terminent tantôt en cul-de-sac, tantôt par des anastomoses des conduits entre eux. La disposition anatomique des conduits séminifères permet de penser que la sécrétion se fait dans toute leur étendue, et que la quantité de cette sécrétion est très-minime, si l'on a égard au petit volume de ces glandes, au nombre et à la ténuité des conduits séminifères, au peu de sang qu'y apportent les artères spermatiques où la circulation est ralentie ainsi qu'à la longeur et à l'étroitesse des canaux déférents. Cette quantité paraîtra encore plus faible, si l'on se rappelle que, chemin faisant, une foule de glandes viennent mélanger leurs produits à la liqueur séminale. Cependant, la sécrétion spermatique est accrue dans certaines circonstances. comme par exemple sous l'influence des excitations vénériennes de certains aliments ou de certaines substances. » (ROUBAUD.)

Comme cela a lieu dans les autres appareils sécréteurs complets, c'est-à-dire qui ont un réservoir, le produit de la sécrétion testiculaire se dirige vers les vésicules séminales au fur et à mesure qu'il se forme; mais sa progression est lente, difficile même, dans les canaux si nombreux, si fins et si flexueux de la glande et de l'épididyme. Le sperme sort de celui-ci pour passer dans le canal déférent, lui-même très-petit et long, mais d'un trajet plus direct; enfin, il gagne la vésicule séminale correspondante à ce même canal déférent. C'est de ce réservoir qu'il part pour être conduit par les canaux éjaculateurs dans l'urètre, et être éjaculé. La force de projection dont est animé le sperme est due à des contractions brusques, convulsives, d'une couche musculeuse qui fait partie des parois de la vésicule séminale, et de celles encore plus puissantes des muscles bulbo et ischio-caverneux.

Nous le répétons, la plus grande partie du liquide éjaculé n'est pas de la semence proprement dite; c'est le produit de différentes glandules sécrétoires et de la vésicule séminale elle-même, qui est tout à la fois organe sécréteur et lieu de dépôt.

Ainsi s'opère l'éjaculation. Un abattement subit, une faiblesse générale, une tendance au sommeil s'emparent de l'homme après l'émission du sperme Cet état de fatigue physique et morale trouve son explication peut-être autant dans le trouble nerveux et cette sorte d'épilepsie passagère que cause l'ivresse convulsive de l'orgasme vénérien que dans la dépense du plus précieux produit de sécrétion.

## § 2. — *Rôle de la Femme dans la Fécondation.*

Ce rôle est plus simple que celui dévolu à l'Homme. Comme celui-ci, la Femme doit être pubère ; or, cet âge est compris entre la première apparition des règles et leur disparition.

Etudions donc : 1° la Menstruation : 2° la Ménopause ; 3° la part d'action des organes féminins dans le coït.

*Menstruation.* — L'âge de puberté, chez la Femme, est annoncé par une évacuation périodique d'une certaine quantité de sang par l'utérus. On donne vulgairement le nom de *Règles* à cette évacuation, parce qu'elle se reproduit tous les mois, un peu plus tôt que plus tard. Cette fonction constitue la Menstruation et devient l'indice certain de l'aptitude à la procréation.

Toutefois, il est certaines Femmes, irrégulièrement ou même pas du tout menstruées, qui deviennent enceintes : par contre, il en est d'autres qui, bien que parfaitement réglées, ne conçoivent pas. Les raisons de ces exceptions seront étudiées dans la suite, quoique déjà nous ayons parlé des conditions de climat, de constitution, etc., qui peuvent influer sur l'apparition, la quantité, la durée des règles, etc.

Quant à la théorie physiologique de la Menstruation, on doit la faire découler d'une fonction spéciale qui a pour siége les ovaires. Cette fonction consiste en une sorte de *ponte* mensuelle d'un ou plusieurs ovules ou œufs, laquelle devient la cause d'une certaine congestion sanguine vers l'utérus et par suite d'une exhalation de sang. Baudelocque a eu raison de dire que la Menstruation n'est qu'un avortement périodique. L'expression est peut-être excessive, mais elle ne manque pas de justesse, car chaque apparition des règles annonce qu'il se produit une rupture d'une vésicule ovarienne et l'expulsion d'un ovule.

Donc, tous les 26 à 30 jours, régulièrement, une vésicule de Graaf subit une excitation particulière, se gonfle, vient faire saillie à la surface de l'ovaire et se rompt. L'ovule s'échappe, est saisi par le pavillon de la trompe, qui se porte à sa rencontre, et il pénètre dans celle-ci, qu'il parcourt avec lenteur, pour arriver dans la matrice, d'où il est définitivement expulsé au bout de 2 à 6 jours, avec le sang menstruel que ce travail a fait exsuder de la surface interne de cet organe.

L'évacuation des règles s'accompagne ordinairement de douleurs plus ou moins vives, passagères ou durables, dues aux contractions des fibres de la matrice, laquelle cherche à se débarrasser du sang qui s'accumule dans sa cavité. Ces douleurs sont connues sous le nom de *coliques utérines*. En même temps, la Femme éprouve de la lassitude, ses yeux se cernent, son haleine devient forte, etc.

Le sang des règles, bien que ne différant pas chimiquement de celui de toute autre hémorrhagie, est doué d'une odeur particulière qui rappelle les émanations des parties génitales des femelles à l'époque du rut.

Nous avons parlé déjà (V. p. 65.) des modifications qui surviennent dans le physique et le moral de la jeune fille au moment où elle devient pubère, c'est-à-dire menstruée, nous n'y reviendrons pas.

*Ménopause.* — La cessation des règles apparaît généralement de 40 à 50 ans; elle coïncide avec un état d'inertie des ovaires, qui s'atrophient et même disparaissent quelquefois. La matrice et les glandes mammaires suivent cette atrophie dans certaines limites. Habituellement, il ne survient aucun accident, car la disparition de la fonction menstruelle est dans le vœu de la nature. Quelquefois, cependant, il survient des pertes sanguines irrégulières qui, lorsqu'elles persistent, annoncent un état congestif, inflammatoire, ou même cancéreux de la matrice. Les Femmes, à l'époque de la cessation des règles, doivent donc user des rapports sexuels avec une grande sobriété et éviter les causes d'excitation du côté des organes génitaux.

### § 3. — *La part d'action des organes de la Femme dans la copulation.*

Quand le membre viril pénètre dans le vestibule,

le gland vient heurter le clitoris, qui subit alors une sorte d'érection et dont l'extrémité, au lieu de regarder en haut, se dirige en bas et frotte contre la face dorsale de la verge. Le vagin, animé d'une certaine force de rétraction, se moule sur le volume de celle-ci, dont la turgescence augmente encore. « Le clitoris, abaissé fortement, subit de la part du pénis et lui inflige à son tour des frottements voluptueux, de sorte que chaque mouvement de copulation influe à la fois sur les deux sexes et concourt, au point culminant de cette excitation mutuelle et réciproque, à amener d'un coté l'éjaculation, et de l'autre la réception de la liqueur séminale dans la matrice. »

La Femme n'éprouve pas, après l'acte copulateur, l'abattement qui s'empare de l'Homme. C'est qu'en effet elle y joue un rôle moins actif, généralement même moins passionné, et que sa contribution en fait de pertes consiste dans des fluides muqueux exhalés par le vagin, et qui n'ont pas sur la constitution une action aussi déprimante, aussi épuisante que celle que produit chez l'Homme l'évacuation du sperme. Aussi la Femme peut-elle répéter le coït bien plus souvent et à des intervalles bien plus rapprochés que ne peut le faire l'Homme.

Quant à la question de savoir auquel des deux acteurs revient la plus forte somme de volupté.

encore une fois elle nous paraît oiseuse, n'en déplaise aux hommes sérieux qui s'en sont occupés et en particulier à Kobelt, qui, dans sa monographie, attribue la plus belle part à la Femme, vu sa sensibilité plus grande, le grand nombre de bulbes vaginaux, leur compression par la verge, le grand nombre de corps concentrés dans un petit espace, etc. Mais alors comment se fait-il que tant de Femmes n'éprouvent aucun plaisir dans l'acte vénérien, que quelques-unes même y répugnent?

Si l'on veut, nous accorderons volontiers que le plaisir qu'éprouve l'Homme est plus court, mais aussi plus vif ; que le plaisir de la Femme est moins vif, mais de plus longue durée.

## § 4. — *Phénomènes intimes de la Fécondation.*

En expliquant le mécanisme physiologique de la copulation, nous avons assisté pour ainsi dire à l'arrivée de la liqueur fécondante dans les organes de la Femme. Il s'agit maintenant de savoir comment agit cette semence, comment s'opère l'imprégnation, la Fécondation en un mot.

Hippocrate et ses successeurs ont cru jusqu'à la fin du XV$^{e}$ siècle que les ovaires (on les appelait alors *testicules de la Femme*) sécrétaient un liquide analogue au liquide spermatique de l'Homme et que la formation de l'individu nouveau résultait du concours ou mélange des deux semences.

Lorsque les ovules furent découverts, la question changea complétement de face. Naquit alors l'axiome célèbre : *Omne vivum ex ovo* ; mais les ténèbres n'en persistèrent pas moins, puisque les théories relatives à la génération sont encore nombreuses.

« Malgré les connaissances plus positives que nous possédons aujourd'hui sur le sperme et les œufs, le problème de la fécondation est loin d'être résolu ; il est réduit, il est vrai, en deux points seulement, mais ce sont les points les plus ardus et les plus difficiles à pénétrer. A peu près toute la question est aujourd'hui de savoir : 1° dans quel organe, ovaires, trompe ou utérus, se fait la rencontre du sperme et de l'œuf ; 2° quelle est la nature de leur contact, l'essence de leur union.

« La fécondation, dit Debay, a lieu dans les trompes, et pas ailleurs. Elle ne saurait avoir lieu sur les œufs tombés dans la matrice à l'époque de la ponte, parce que ces œufs ne réunissent pas les conditions nécessaires, dont la principale est la fécondation préalable, pour qu'ils acquièrent l'aptitude à se greffer aux parois de l'utérus.

« La liqueur spermatique introduite dans la matrice y éprouve une dissolution : sa partie aqueuse revient dans le vagin et découle de la vulve; mais les Zoospermes qu'elle contient, du moins le plus grand nombre, gagnent instinctivement les trompes utérines et vont s'accrocher aux parois de ces trompes, à leur partie supérieure, près du pavillon. C'est au moment du passage de l'ovule dans la partie supérieure de la trompe que le Zoosperme s'accroche à lui et le féconde immédiatement. »

Le moment le plus favorable pour que la conception ait lieu est du quatrième au douzième jour après la période menstruelle ; après le douzième jour qui suit la cessation des règles, l'imprégnation est peu probable ; elle ne l'est pas davantage pendant la durée de l'écoulement sanguin, parce que l'ovule ne parvient habituellement dans l'utérus que plusieurs jours après la cessation du flux cataménial.

Nous ne pouvons quitter ce sujet sans dire un mot de l'*Œuf humain*.

L'*Ovule* (V. *Ovaire*.) est formé : 1° d'une membrane extérieure transparente (membrane Vitelline) : 2° d'un liquide granuleux qui en occupe la cavité (*Vitellus* ou *jaune*) ; et 3° d'une petite vésicule incolore qui nage au milieu du liquide vitellin (*Vésicule germinative*).

L'Ovule échappé de l'ovaire de la Femme et uni à l'élément générateur du sperme de l'Homme est fécondé. Dans son trajet à travers la trompe, il s'entoure d'une couche albumineuse, qui disparaît bientôt, mais qui paraît favoriser la fécondation en retenant le spermatozoïde et servir à son accroissement. (C'est cette couche qui, bien plus considérable dans les Oiseaux, constitue le *blanc* de leur œuf.) En même temps que s'est effacée la vésicule germinative, commence dans la masse du vitellus un travail de segmentation.

« Les sphères de segmentation deviennent de véritables cellules. Les premières formées se rassemblent à la périphérie contre la face interne de la membrane vitelline, et y forment une nouvelle membrane, appelée *blastoderme*. A peine le blastoderme a-t-il pris la forme de membrane, qu'il s'obscurcit sur un des points de son étendue : il y acquiert plus d'épaisseur, et ce point est le premier vestige de l'Embryon : c'est la *tache embryonnaire*. Pendant que s'accomplissent ces phénomènes, l'œuf poursuit sa marche à travers la trompe vers l'utérus, dans lequel il arrive vers le sixième ou huitième jour qui suit l'imprégnation, avec son blastoderme plus visible et d'un volume quatre ou cinq fois plus gros qu'il n'était dans l'ovaire. »

Il n'est pas de notre sujet d'étudier le développement du fœtus dans la matrice.

Mais il est une question à laquelle nous voulons aussi consacrer quelques lignes : c'est celle-ci :

*Peut-on procréer les sexes à volonté ?* — Une foule d'explications ont été proposées dans le sens de l'affirmative ; mais il n'y a eu jusqu'ici que des hypothèses émises, absolument dénuées de preuves.

Les anciens croyaient que le testicule droit et la cavité droite de la matrice produisaient des individus mâles, et que les femelles provenaient des mêmes organes du côté gauche. Mais ces pures suppositions tombent d'elles-mêmes devant ce fait que les Hommes auxquels un testicule a été emporté, soit par accident ou chirurgicalement, procréent des enfants des deux sexes. De même quant à la Femme à laquelle il ne reste qu'un ovaire.

Tout ce qu'il est permis de supposer, c'est que les Hommes robustes et d'une forte constitution engendrent plus de garçons que de filles.

Dans cette question, comme dans tout ce qui touche au principe Vie, il y a un mystère impénétrable : il doit en être ainsi d'ailleurs, car autrement la créature aurait le pouvoir de pervertir l'ordre des successions des Espèces, que la nature a pourtant entourées de tant de garanties sous le rapport de la fécondité et de la fécondation.

Cependant, il nous faut bien faire connaître les théories qui ont été proposées. — Voici celle que Debay expose dans sa *Physiologie du mariage* :

« La détermination du sexe a lieu au moment

même de la fécondation ; elle dépend exclusivement des qualités de l'œuf et du sperme. Ces qualités se traduisent par les diverses proportions d'*azote* contenues dans les matières dont les œufs et le sperme sont formés. — L'œuf est-il à un degré supérieur d'*azotation*, le produit sera mâle : l'œuf est-il à un degré inférieur d'azotation, le produit sera femelle. — L'élément mâle est représenté par la substance azotée ; — l'élément femelle par la substance hydrocarbonée. — Dans les tempéraments sanguins, nerveux et bilieux, ainsi que dans leurs dérivés, c'est la substance azotée qui prédomine ; — dans les tempéraments lymphatiques et les constitutions débilitées, c'est la substance hydro-carbonée qui a le dessus ; — ce qui avait fait dire aux anciens que l'Homme était d'un tempérament *sec*, et la Femme d'un tempérament *humide* ; ils parlaient en général et avec raison. »

Suivant d'autres observateurs, la détermination du sexe dépendrait du plus ou moins de vigueur comparative des individus accouplés, et le régime auquel on les soumettrait à l'avance suffirait pour amener le résultat désiré : ainsi, par exemple, on obtiendrait des enfants mâles si l'Homme et la Femme observaient un régime azoté.

Le Dr Gourier estime que la bonne santé de la Femme est la condition nécessaire pour obtenir des produits mâles, surtout si l'Homme est faible de constitution. « C'est par suite de la santé de la jeune mère, dit-il, ou de la jeune fille, et de l'état neuf de leurs organes générateurs que la première naissance est souvent mâle, tandis que la deuxième, au contraire, est souvent femelle, à cause de la fatigue de la gestation ou de la lactation précédentes. — Si, dans ces circonstances, la santé de la mère ne se relève pas, ou si le mâle ne s'affaiblit pas, les pontes femelles continuent. — Mais au bout d'un certain temps de mariage, il est bien rare qu'un mari ne se soit pas retrempé, car il a trouvé dans la couche nuptiale le calme et le repos pour les jours passés. »

## § 6. — *Fécondation artificielle chez la Femme.*

Nous n'avons pas à revenir sur la Fécondation artificielle considérée dans les Plantes et chez les Animaux ; mais il convient de renvoyer le lecteur à ce chapitre, qui est comme une introduction à celui-ci.

Le mode de Fécondation en question a été employé chez douze Femmes par le Dr Girault, qui avait été précédé dans cette pratique par Hunter, Gigon, Lesueur et Delaporte.

« Le procédé que j'ai employé, avec succès, dit-il, est un des plus simples : il faut une sonde pourvue ou non d'un entonnoir, et une seringue à injection. On fait mettre la femme sur un lit ou sur un canapé comme si l'on allait appliquer un spéculum. L'opérateur remplit la seringue de sperme, introduit la sonde dans l'utérus en suivant l'indicateur de la main opposée, et pousse l'injection. Cependant, je préfère, dans la généralité des cas, introduire le sperme dans la sonde, placer celle-ci dans le col de l'utérus, et souffler avec la bouche, attendu que s'il y a peu de sperme, il peut rester dans la seringue; tandis que par l'insufflation, il faut que tout pénètre dans la matrice.

« En 1838, je fus consulté par le comte de L.... pour sa fille âgée de 23 ans, mariée depuis trois ans, et ayant un tel désir d'avoir un enfant, qu'elle menaçait de se livrer au premier venu afin d'avoir le bonheur d'être mère. Je l'examinai, je reconnus que le col de la matrice était mince, plus long que dans l'état normal, et que l'ouverture était étroite. Je pensai que ce motif pouvait empêcher la Fécondation, et je conseillai le cathétérisme tous les deux jours, avec une sonde de plus en plus grosse pour dilater le canal. Ce moyen déplut promptement, et je conseillai la Fécondation artificielle, ce qui fut aussitôt accepté. Le mari âgé de 35 ans s'y refusait; mais la volonté de la femme fit céder tout le monde, et le 27 avril je fis la première injection avec une sonde d'homme redressée et percée d'un trou à son extrémité. Après l'avoir lavée, je fis passer à l'intérieur une dissolution de gomme et je la remplis du sperme du mari ; la dame étant couchée sur le bord du lit comme pour l'introduction du spéculum, je portai l'indicateur gauche sur le col de l'utérus, de la main droite j'introduisis la sonde dans l'ouverture du col, et je soufflai avec ma bouche. Le soir même je fis partir les deux époux pour un voyage ; mais ils revinrent au bout de 20 jours, la dame ayant ses règles. Le 5 juin, les règles étant passées, je pratiquai de nouveau l'opération, et les époux allèrent passer cinq mois à Nice. La dame devint enceinte et accoucha le 1er mars 1839 d'un garçon bien constitué qui fut nourri par une Normande. Il suivait son père, dont les fonctions nécessitaient des changements de résidence. J'ai vu ce jeune homme en 1859 ; il commençait alors ses études de droit, et c'est aujourd'hui un avocat distingué.

« En 1839, je donnais mes soins à Mme L..., fille d'un receveur particulier, âgée de 25 ans ; le mari en avait 27. Elle était atteinte de blénorrhée : à une de mes visites elle me fit part de son chagrin de n'avoir pas d'enfants ; ce chagrin était partagé par toute sa famille, et surtout par son père. Mariée depuis cinq ans, elle était lymphatique, et affectée d'un écoulement muqueux de la matrice. J'aurais voulu obtenir la guérison de cet écoulement avant de procéder à une injection spermatique; mais en présence de l'impatience de la famille, je m'y décidai avant d'avoir obtenu ce résultat. Le 23 octobre, quatre jours après la cessation des règles, je fis une injection spermatique dans l'utérus. Je conseillai un voyage que ma cliente ne voulut pas entreprendre. Les règles revinrent le 20 novembre, et je recommençai l'opération. Le résultat ne fut pas plus favorable que la première fois; et nous fîmes un mois après une troisième opération. M^me L... devint grosse et accoucha le 15 septembre 1840 d'un beau garçon qui s'éleva très-bien jusqu'à l'âge de 4 ans et demi. Il fut alors atteint du croup, et en mourut : la mère ne voulut plus tenter de nouvelle opération, disant que Dieu l'avait punie d'avoir fait un enfant avec une seringue. »

# CHAPITRE CINQUIÈME

## IMPUISSANCE

L'Impuissance est, dans son acception rigoureuse, l'impossibilité d'exercer le coït.

Mais, communément, on entend par cette expression, non-seulement cette impossibilité absolue, mais les simples obstacles qui rendent les rapports sexuels plus ou moins difficiles.

Il ne faut pas confondre l'Impuissance avec l'Anaphrodisie, qui est l'absence de désirs.

L'Impuissant peut être dévoré de désirs charnels et se trouver dans l'impossibilité de les assouvir.

L'Impuissance diffère aussi complétement de la stérilité, car celle-ci est l'incapacité à la fécondation. Un homme peut être impuissant sans qu'il soit le moins du monde frappé de stérilité.

Par opposition, un individu stérile peut être doué d'une grande ardeur dans le congrès.

Ce sont là, en quelque sorte, des aphorismes dont l'exactitude va être démontrée dans l'étude de l'Impuissance et de la Stérilité.

L'Impuissance absolue ne peut être que le résultat de certains vices de conformation ou d'accidents traumatiques qui entrent dans le domaine de la chirurgie. Bien que nous ne voulions pas empiéter sur ce domaine, nous les ferons connaître au moins par leurs noms ou leurs traits principaux.

En parlant de l'Hermaphrodisme, nous avons déjà indiqué les principales conditions anatomiques ou tératologiques qui créent l'Impuissance.

Mais c'est l'Impuissance temporaire, accidentelle, qui doit spécialement nous intéresser, d'autant qu'elle reconnaît pour causes et pour remèdes, dans le plus grand nombre de cas, des conditions hygiéniques, des influences morales ou des pratiques physiques particulières.

Nous avons à étudier l'Impuissance : 1° chez l'Homme ; 2° chez la Femme.

## SECTION I^re.

### DE L'IMPUISSANCE CHEZ L'HOMME.

Quatre conditions principales sont nécessaires pour qu'il y ait impossibilité ou difficulté plus ou moins grande chez l'Homme d'exercer le coït : 1° absence de la verge : — 2° vices de conformation des organes : — 3° altérations pathologiques ; — 4° défaut d'érection.

Un cinquième chapitre, relatif aux moyens de remédier à l'infirmité physique ou morale qui cause l'Impuissance, terminera cette revue.

### § 1er. — *Absence de la Verge comme cause d'Impuissance.*

Le membre viril peut faire défaut ou être réduit à une sorte de tubercule qui ne permet pas l'intromission. Il est très-rare, du reste, qu'il manque complétement.

Fodéré raconte, dans sa *Médecine légale*, avoir soigné un jeune soldat, plein de courage, qui, avec des testicules bien conformés, n'avait à la place de la verge qu'un bouton, une sorte de mamelon par lequel se terminait l'urètre. Ce bouton se gonflait en la présence des jeunes filles, et il en sortait par le frottement une humeur blanchâtre qui, sans doute, n'était autre chose que du sperme puisque les testicules existaient. Ce jeune homme était absolument impuissant. — Peut-on dire qu'il était stérile? Non, assurément, car, si la Fécondation artificielle de la Femme n'est pas une chimère, il aurait pu devenir père en se prêtant à l'opération qui effectue ce genre de fécondation.

Roubaud rapporte l'observation d'un Brésilien dont la verge, à l'état d'érection, n'excédait pas la grosseur d'un piquant de porc-épic, et qui, néanmoins, parvint à exercer le coït, grâce à un artifice de son invention. Il engageait son pénis dans un appareil en caoutchouc qui en augmentait le volume; et, après trois mois d'exercice, le membre avait acquis une grosseur suffisante pour que l'appareil fût devenu inutile.

### § 2. — *Vices de conformation comme cause de Stérilité.*

Sous l'influence de causes presque toujours inconnues, et qui agissent dès les premiers temps de l'embryogénie, le produit de la conception peut s'éloigner d'une organisation parfaite; on le voit alors naître avec toutes sortes d'anomalies, qui sont, dans le langage scientifique, autant de *monstruosités*.

Or, celles-ci peuvent se montrer dans l'appareil génital comme dans tous les autres organes.

Le pénis peut avoir une *direction vicieuse*, en haut, en bas, ou latéralement, ce qui rend l'érection douloureuse, imparfaite, la copulation difficile ou même impossible. Ces déviations tiennent le plus ordinairement à une altération, congéniale ou accidentelle, des corps caverneux, à des brides, des adhérences qui rapprochent la verge des parties voisines et l'empêchent de s'en éloigner suffisamment.

Il était question tout à l'heure de la gracilité du pénis comme cause d'Impuissance; le défaut contraire existe quelquefois : la *grosseur* et *la longueur* excessives de la verge peuvent rendre le congrès douloureux, redoutable pour la femme, et produire jusqu'à un certain point le résultat de l'Impuissance, tant que les rapports ne sont pas rendus plus faciles par une répétition bien conduite des tentatives du coït et une dilatation suffisante de la vulve et du vagin.

Il est un vice de conformation beaucoup plus grave que les précédents, au point de vue de l'Impuissance. C'est celui qui consiste dans cette disposition anatomique que l'ouverture de l'urètre, le méat urinaire (spermatique), au lieu d'être placé à l'extrémité du gland, s'ouvre en un point plus rapproché du pubis, soit à la face dorsale du pénis, ce qui constitue l'*Epispadias*, soit à sa face inférieure, cas de beaucoup le plus fréquent et qui est désigné sous le nom d'*Hypospadias*. — Nous reviendrons sur ces anomalies.

Le *prépuce* offre des vices de conformation qui ont été considérés à tort comme des causes d'Impuissance. En effet, l'absence ou l'existence incomplète de ce voile mobile, son allongement considérable avec rétrécissement de son ouverture, qui peut aller jusqu'à l'occlusion (*Phimosis*), peuvent tout au plus rendre les sensations moins voluptueuses et les érections moins énergiques, privant en partie le gland de sa sensibilité exquise.

L'inflammation du gland (*Balanite*), qui cause si facilement le *Paraphimosis*, lequel consiste dans l'impossibilité de ramener en avant sur le gland le prépuce arrêté par la couronne gonflée et douloureuse, est un obstacle à l'intromission à cause de la douleur qu'elle occasionnerait. Mais il s'agit là d'une Impuissance temporaire.

Une fois la cause enlevée ou cessant d'agir, l'effet disparaît. De même, quand il existe une brièveté excessive du frein, une opération très-simple rend libres et le prépuce et l'intromission.

### § 3. — *Altérations pathologiques et traumatiques.*

Dans ce paragraphe doivent être comprises les tumeurs, les plaies, les mutilations, etc., qui sont de nature à mettre obstacle au rapprochement sexuel. Passer en revue toutes ces infirmités ou maladies, ce serait nous engager dans le domaine chirurgical. Il suffit de dire que, selon leur nature, l'Impuissance qu'elles causent est permanente ou transitoire.

Les *maladies des testicules*, telles que l'inflammation, l'atrophie, les dégénérescences tuberculeuse ou cancéreuse, etc., en diminuant ou suspendant la sécrétion du sperme, ou altérant la santé générale, peuvent produire une Impuissance que nous appellerons *relative*, car elle n'est jamais absolue dans ces cas qui sont plutôt des cas de Stérilité.

L'absence des organes sécréteurs du sperme, quand elle ne dépend pas de la castration, n'est, le plus souvent, qu'apparente : les testicules, dans ces cas, ou sont restés dans l'abdomen, ou n'ont pas franchi l'anneau inguinal. Cette disposition native est connue sous le nom de *Cryptorchidie*, mot qui veut dire *testicule caché*.

Est-ce bien là une condition d'Impuissance ? Non.

car les individus affectés de ce vice de confòrmation peuvent se livrer au coït, éjaculer même ; seulement l'érection est moins intense, l'ivresse de la volupté moins vive, par cette seule raison que le sperme est moins bien élaboré puisqu'il ne contient pas d'animalcules.

La *Castration*, c'est-à-dire l'enlèvement des testicules, ne produit pas d'une manière absolue l'Impuissance, bien que la Stérilité radicale en résulte. Les *Eunuques* peuvent encore se livrer au coït et procurer aux Femmes une certaine jouissance Il paraît même que ces êtres mutilés étaient très-recherchés des dames romaines, qui se débarrassaient ainsi de la crainte de devenir enceintes.

Les Eunuques auxquels l'on confie la surveillance des femmes des harems sont privés, non-seulement de testicules, mais encore de verge. C'est à de jeunes nègres de 8 à 10 ans que l'on fait subir cette double mutilation, à laquelle les trois quarts des opérés ne survivent pas.

Godard raconte comment, dans un but de lucre, on fait subir à de jeunes enfants de 8 à 10 ans la mutilation épouvantable qui doit produire ces êtres dégradés : on abaisse d'abord les testicules dans le scrotum, puis de la même main on saisit la verge et on lie le tout ; on tire encore sur ces parties liées, et d'un coup de rasoir on enlève tout ce qui se trouve entre la ligature et la main qui exerce la traction. On verse ensuite de l'huile bouillante sur la plaie pour arrêter l'hémorrhagie et on enterre jusqu'à la poitrine pendant quelques heures le malheureux enfant dans le sable fin. Cette horrible opération se pratique exclusivement dans la haute Egypte.

Les excentricités, les barbaries, les crimes que l'instinct des jouissances vénériennes à fait commettre sont incroyables. Les Mèdes furent les premiers qui donnèrent à leurs femmes un cortége d'Eunuques. *Emasculer* les enfants devint bientôt une branche d'industrie très-lucrative. L'historien Procope nous apprend que les jeunes castrats étaient très-recherchés des seigneurs de la cour de Justinien.

Comme exemples d'excentricité et de fanatisme, nous rappellerons que Combalus se mutila pour échapper aux dangers d'une passion qu'il pouvait inspirer à sa reine.

Une secte furieuse prit naissance dans les contrées brûlantes de l'Arabie, sous le nom de *Valésiens*. Ces forcenés faisaient vœu, non-seulement de se mutiler eux-mêmes radicalement, mais encore de mutiler tous les individus qu'ils rencontreraient.

Après Mahomet, les despotes d'Asie ne se contentèrent pas d'*eunuchiser* les mâles, ils ordonnèrent qu'on fit des Eunuques femelles, en fendant le ventre des jeunes filles pour aller saisir les ovaires et les extirper, ou soumettre ces organes à l'*évi-ration*.

L'art d'émasculer fut introduit vers le XIe siècle dans les États romains. Le pape Clément IV s'éleva contre cette barbare coutume, mais on éluda ses ordres. On a vu en Italie des pères faire des castrats de leurs enfants pour les engager chèrement au théâtre.

Revenons à notre sujet.

L'*infibulation* (de *fibula*, boucle) est une pratique plus singulière que barbare, qui consistait à insérer aux grandes lèvres de la Femme et à l'extrémité du prépuce chez les Hommes un anneau métallique fermé à clé, dans le but, tantôt de conserver la virginité, ou de rendre impossibles les rapports sexuels, tantôt de prévenir l'énervation des mâles par des jouissances prématurées, ou enfin de conserver aux chanteurs leurs voix, aux histrions leurs jarrets, aux gladiateurs leur énergie et leur courage, par la privation des plaisirs, etc.

Il paraît que l'anneau était rompu quelquefois, sans doute intentionnellement, car Juvénal dit qu'il fallait ramener celui qui le portait chez le boucleur :

*Et cujus refibulavit turgidum faber penem.*

Certaines sectes religieuses, qui se condamnent à une virginité perpétuelle, dit Virey, chargent leur prépuce d'un énorme anneau d'*infibulation*, soit afin de ne pas enfreindre leur vœu par quelque tentation charnelle, soit pour offrir le témoignage de leur constance. Cet auteur parle de plusieurs moines mahométans, et d'autres dévôts personnages de l'Inde, des bonzes, des fakirs. « Dans ces climats chauds, dit-il, où la nudité ne scandalise pas, les femmes dévotes vont admirer les preuves de ce grand effort de sagesse. On dit plus, et sans doute les voyageurs n'ont pas menti, ces personnages divins sont tellement vénérés pour avoir gardé ce vœu, que les bigotes vont saintement, à deux genoux, baiser l'anneau préputial, apparemment pour gagner les indulgences. »

L'*Hypospadias* et l'*Epispadias* sont plutôt des causes de Stérilité que d'Impuissance ; aussi renvoyons-nous à un autre chapitre ce que nous avons à en dire.

### § 4. — *Défaut d'Érection, Frigidité.*

Il est évident que le coït est impossible si le membre viril reste mou, pendant. L'Érection est donc en quelque sorte le *criterium* de la puissance génésique.

Quelles sont les causes qui empêchent l'Erection d'avoir lieu? nous parlons, bien entendu, des cas où les organes génitaux paraissent bien conformés.

Ces causes sont d'ordres très-différents et sont très-diverses par leur manière d'agir.

C'est ici sans doute que commence, pour celui qui nous fait l'honneur de lire ce Traité, l'intérêt le plus grand que présente la question qui nous occupe.

La Frigidité, l'âge avancé, la faiblesse générale, certains états physiologiques, l'imagination frappée, l'épuisement par l'abus des plaisirs, certains états nerveux, l'extrême vivacité du sentiment d'amour, les maladies du cerveau et de la moelle épinière, celles de l'appareil urinaire, l'usage ou la simple ingestion de certaines substances toxiques ou qui exercent une action spéciale déprimante sur l'appareil génital, les pertes de semence par pollution et spermatorrhée, etc., telles sont les principales causes du défaut d'Érection ou tout au moins d'énergie génésique.

*Frigidité* se dit de l'état d'un individu (Homme ou Femme), principalement d'un Homme, qui se montre incapable de génération et même de copulation, état symptomatique de diverses affections morbides, ou simplement idiopathique.

La Frigidité (froideur) *idiopathique* est celle qui tient à la mollesse du tempérament, à l'absence des conditions d'organisation que nous avons reconnues propres au sujet doué d'ardeur et de puissance dans les assauts amoureux. La Frigidité rapproche du castrat l'Homme qui en est frappé ; chez lui, les testicules sont petits, et la verge, quoique très-développée parfois, reste flasque et peu susceptible d'érection.

*Jacet exiguus cum ramice nervus,*
*Et quamvis totà palpetur nocte, jacebit.*

JUVÉNAL. Sat. X.

Toutefois, il doit arriver bien rarement que les attouchements répétés, surtout « *tota nocte* », n'excitent pas les désirs et la turgescence voluptueuse de la verge. Mais qu'il est à plaindre celui qui, dans la couche nuptiale, lorsque pour la première fois il s'approche de son épouse, ne se retrouve plus ; pour comble de malheur, son imagination effrayée se glace d'avance à de nouvelles tentatives, et loin de pouvoir effacer sa honte par un beau triomphe, il acquiert de plus en plus la triste certitude de sa faiblesse.

« Plus d'un fougueux amant, dit Debay, l'œil enflammé des feux du désir, attendant avec impatience l'heure d'un rendez-vous d'amour, s'est vu tout à coup frappé d'impuissance dans les bras de celle qui venait s'abandonner à lui. Il a beau invoquer la vigueur de son tempérament, l'exciter par mille baisers, mille caresses ; vains efforts ! l'organe reste immobile... le désir brûlant qui court dans ses veines et les dévore ne peut être satisfait... Honte et désespoir ! Ces désirs qui l'affligent, cette honte qui le fait rougir et pâlir tour à tour, peut-être seront-ils causes demain et les jours suivants de son impuissance. »

« On voit, dit Virey, des personnes très-susceptibles d'union sexuelle avec telle personne, tandis qu'elles sont tout à fait impuissantes avec telle autre. Des individus ont une salacité si pétulante et si prompte, que l'effusion séminale s'opère avant toute intromission, et ils ne sont impuissants que par une trop vive puissance. Il en est qui exercent l'acte, mais ne le terminent point selon l'ordre naturel, soit par défaut de sperme, soit par quelque vice de conformation qui en empêche l'émission. Quelques-uns entrent en érection mais retombent presque aussitôt ; d'autres distillent un sperme limpide et froid, sans érection et sans coït préalables, par de simples approches ; d'autres enfin éprouvent, soit une soudaine défiance de leur forces qui paralyse sur-le-champ tous les moyens (et ce sont particulièrement les individus timides et honteux, soit une aversion subite en apercevant des objets qui ne répondent nullement à l'idée qu'on en avait conçue; ou bien l'on se sent frappé d'une odeur repoussante, ou même l'on s'imagine être atteint d'un sort ou lié à un maléfice. (*Dict. des Sc. méd.*, t. XVII.)

Une imagination frappée, avons-nous dit, cause une Impuissance, heureusement factice et temporaire. Il fut un temps où d'effrontés charlatans faisaient croire qu'ils pouvaient *nouer l'aiguillette* pendant la cérémonie nuptiale. Quoique ces sorcelleries n'aient plus cours aujourd'hui, il n'est pas sûr que de simples villageois ne se croient encre *ligaturés*.

La faiblesse génitale est souvent native : comment veut-on que des vieillards cacochymes, des individus épuisés par toutes sortes d'excès procréent des enfants robustes et mieux favorisés que ne l'étaient leurs parents. Entre les facteurs et les produits, il y a toujours des liens intimes et des conditions de rapports inévitables. Ainsi, l'apathie génésique ne fait pas seulement la honte de qui la subit, elle atteint par voie d'hérédité les enfants que celui-ci a procréés.

Parmi les maladies qui diminuent ou éteignent même complétement les facultés viriles, il faut citer, en premier lieu, celles de l'encéphale, attendu que, d'après Ch. Robin. l'érection aurait pour point de départ une incitation, instinctive ou volontaire, née du point du cerveau qui se trouve en connexion par les nerfs de la vie organique le Grand Sympathique avec les organes de la génération.

Les affections de la moelle épinière plongent la verge dans un état de frigidité plus complet encore que ne le fait le cerveau ; c'est qu'en effet, certaines maladies cérébrales, de nature nerveuse plutôt que matérielle, loin de frapper d'inertie l'appareil génital, le surexcitent au contraire, à tel point même que le but est dépassé. Certains fous ne sont-ils pas d'une lubricité révoltante ? D'autres sont en proie au Satyriasis ou au Priapisme, états morbides dont nous dirons un mot bientôt.

Viennent ensuite les maladies des organes urinaires, la néphrite, la cystite et le diabète, qui, soit qu'elles accusent une altération générale des humeurs ou une affection locale profonde, ont pour effet une véritable Impuissance, dont la durée, toutefois, est subordonnée à celle de la maladie qui la cause.

Certaines substances, les unes toxiques, les autres médicamenteuses, passent pour calmer les feux de la concupiscence. On leur a donné le nom d'*Anaphrodisiaques*. Telles sont l'iode, le nitre, les sels de plomb, le camphre, le lupulin, le nénuphar, le gattilier, le chèfrefeuille, entre autres, qui ont été regardés comme des gardiens de la chasteté. Le café noir lui-même, selon plusieurs praticiens, porterait à la longue une fâcheuse influence sur la vitalité génitale. L'intempérance, l'abus du tabac et des opiacés produisent les mêmes effets.

L'abus de l'organe intellectuel fait taire l'instinct génésique. De Lignac a observé que les mariages des gens de lettres ne sont pas ceux qui rapportent le plus à l'État. Un génie marié, a dit un auteur, est un génie stérile. Les productions de l'homme sont bornées : il faut opter : laisser à la postérité ou des ouvrages d'esprit ou des enfants. Il n'est pas jusqu'à la continence qui, par sa durée et le manque d'exercice qu'elle impose aux organes, ne soit une cause de frigidité.

Les *pollutions* sont une cause d'affaiblissement trop connue pour qu'il soit nécessaire d'en faire comprendre le danger. (V. *Onanisme*.)

Quand les pollutions sont involontaires et nocturnes, accompagnées d'érection et provoquées par des rêves lascifs, elles ne font que remédier à un trop plein des vésicules séminales : elles sont sans inconvénients, souvent au contraire elles soulagent, débarrassent l'individu d'un certain malaise mal défini, mais réel.

Quand au contraire les pertes séminales sont provoquées par des attouchements réitérés, cela tourne à l'habitude et celle-ci conduit à l'épuisement, à l'atonie de tous les organes, et, ce qui est pire, à l'émission de sperme involontaire.

La *Spermatorrhée* est le nom sous lequel on désigne ce dernier état, qui consiste en effet en des pertes involontaires, passives, non accompagnées d'érection et de sensation voluptueuse. Ses causes déterminantes se trouvent dans un état d'irritation des vésicules séminales, dans les excès vénériens, ou une simple atonie nerveuse de l'appareil génital. D'abord *nocturnes*, les pertes deviennent *diurnes* et se reproduisent au moment des gardes-robes. La Frigidité en est la conséquence et est proportionnelle à leur abondance.

Le *Priapisme* et le *Satyriasis* sont deux états maladifs qui peuvent être rangés parmi les causes physiques qui troublent les conditions de la véritable, de la franche virilité. Il en est de même de la *Nymphomanie* et de l'*Hystérie* chez la Femme. Ce sont là des affections qui, bien qu'étant du domaine de la médecine, feront le sujet de quelques remarques à propos du Célibat, dans lequel elles se manifestent le plus fréquemment

## § 5. — *Moyens de remédier à l'Impuissance de l'Homme.*

Telle est la diversité des causes de l'Impuissance ou des influences qui oppriment la faculté copulatrice, qu'il appartient au chirurgien, au médecin, à l'hygiéniste ou au moraliste de rechercher ces causes et de les combattre.

Il faut d'abord se rappeler que l'Impuissance est radicale ou temporaire, et que dans la première espèce il n'y a rien à faire; car lorsque les testicules ont été enlevés ou la verge retranchée, les cas sont irrémédiables évidemment.

Mais il peut exister certaines lésions ou certains états pathologiques, ainsi que nous l'avons expliqué déjà, qui peuvent réclamer l'intervention chirurgicale. Il n'est pas de notre sujet de dire comment et dans quels cas le chirurgien doit mettre en œuvre les ressources de son art.

Dans un grand nombre de cas d'Impuissance et de Frigidité incomplètes, la thérapeutique devient utile, soit qu'elle suffise à elle toute seule, soit qu'elle s'aide des secours de l'hygiène et des conseils que dicte l'esprit de sagesse et de bon sens.

Tout d'abord on a à se demander si le défaut d'érection ou son imperfection a pour cause efficiente un état de surexcitation ou d'inflammation siégeant dans quelque partie de l'appareil uro-génital, ou s'il dépend d'une simple atonie locale ou générale.

Dans le premier cas il faut déterminer le siége de l'irritation morbide et la combattre par l'emploi des bains, des cataplasmes émollients, des boissons adoucissantes ; en un mot, il faut mettre en usage tout le cortége du traitement antiphlogistique et du régime : et pour ce faire, les conseils du médecin sont toujours utiles.

Dans le second cas, quand on n'a affaire qu'à de l'atonie, à une faiblesse, une sorte d'épuisement de la constitution générale ou des organes génitaux, sans altération matérielle proprement dite ; quand surtout l'Impuissance dépend d'une simple perturbation nerveuse, d'un trouble moral plus ou moins temporaire, les moyens de traitement sont généralement efficaces, s'ils sont employés avec discernement et appropriés aux diverses circonstances qui se présentent.

Ainsi la Frigidité est-elle due à des pertes de sang abondantes, à des évacuations excessives ou à toute autre cause de débilitation : elle se dissipera facilement sous l'influence d'un régime réparateur composé de consommés, viandes rôties, vin généreux, etc., à condition, toutefois, que le canal digestif sera sain et non disposé à s'irriter pour le moindre écart. On adjoint avec grand avantage à ces moyens l'exercice modéré au grand air, le séjour à la campagne, l'usage des ferrugineux, les bains de mer, l'hydrothérapie, etc.

Il est entendu que pendant la durée du traitement le repos doit être imposé aux fonctions génitales. Cependant, il arrive un moment où, si le conseil était moral, une sorte d'essai d'érection discrète et cachée pourrait être conseillé sous l'influence d'une conversation amoureuse avec une femme qui plaise, en attendant paisiblement l'heure du réveil complet de la nature.

Il est des moyens de traitement d'ordre purement moral, et qui consistent dans l'expression d'une confiance mutuelle et de confidence sincère. Certes! le conseil est plus facile à donner qu'à mettre en pratique, nous en convenons, et un mari jeune, non fatigué, qui, la première fois qu'il s'approche de sa fiancée, se voit trahi par ses forces, est bien à plaindre ; mais il se trompe s'il croit que sa jeune épouse, à moins qu'elle ait déjà connu le mariage, compte sur l'offrande que lui, le mari, croit de son honneur de lui faire dès le premier jour.

« La Femme s'attache à l'Homme par le cœur, non par les sens. Si celle que vous épousez n'a pas cessé d'être sage, innocente, vous pouvez lui manifester votre amour, pendant longtemps, rien que par des caresses et des paroles tendres, elle ne souffrira aucunement du manque de rapports sexuels; si, au lieu d'entonner le chant d'amour sur un ton élevé que vous ne pouvez soutenir plus de quelques mois, vous avez soin de vous régler d'après une mesure relative à vos moyens réels, vous n'aurez pas la honte (car c'en est une pour certains hommes) de vous retirer prématurément du combat, et la crainte de ce malheur ne paralysera pas vos forces longtemps avant l'assaut, comme j'en ai vu des exemples. Il arrive assez fréquemment, en effet, que des Hommes déjà fatigués s'épuisent tout à coup et tombent dans l'impuissance par suite du préjugé que nous venons de signaler. Nous leur conseillons de laisser reposer leurs organes, et, au lieu de se livrer à des essais qui demeurent sans résultat par le sentiment de honte qui les obsède, plutôt que par le manque réel de puissance virile, de faire à leur Femme l'aveu de l'état dans lequel ils se trouvent momentanément, quitte à attribuer telle ou telle cause à cet état passager ; du moment qu'il sera bien convenu que, pendant tel temps, la continence devra être observée, le malheureux impuissant, débarrassé de sa préoccupation morale et fortifié par l'usage des bains froids, des bains sulfureux, d'un régime tonique, sentira bientôt renaître les désirs et revenir avec eux les moyens de les satisfaire. » (*Anthropologie*, t. I.)

Les contes de sorcellerie, de sort jeté sur les conjoints, d'*aiguillette nouée*, etc., n'ont plus de croyants ; « mais il est encore des esprits faibles ou ignorants qui portent des sachets ou des amulettes ou qui boivent des philtres enchanteurs pour conjurer l'infernale machination des mauvais génies. »

Beaucoup d'Hommes à imagination maladive, disposés à l'hypocondrie, parce qu'ils ont eu ou portent encore telle ou telle affection des organes génitaux, se persuadent qu'ils sont impuissants, — et par cela seul le sont en apparence ; — d'autres sont convaincus qu'ils sont atteints de spermatorrhée, de rétrécissement spasmodique de l'urêtre, etc., etc., car les sujets d'effroi que peuvent évoquer les hypochondriaques sont aussi nombreux que les fantômes que se crée leur imagination, appelée par Brantôme la *Folle du logis*.

Dans tous les cas d'Impuissance factice, de celle qui ne s'explique par aucune cause matérielle ou anomalie organique, etc., le médecin, s'il est consulté, doit user de toute son autorité et promettre, quand même, le triomphe au pauvre désespéré. « En pareille occurrence, l'hésitation est funeste. La nature de la prescription importe peu ; il faut avant tout paraître assuré de son efficacité. »

En thèse générale, il faut commencer par sembler croire à la réalité de l'Impuissance, prescrire même une médication en apparence active et, dans ce cas, insister sur les espérances que font concevoir le pronostic porté et le jugement ordonné. On ne guérit pas un fou en combattant ses fausses conceptions; il faut d'abord entrer dans ses vues, capter sa confiance, opposer à sa superstition, à ses idées fixes. des superstitions plus grandes et des raisonnements encore plus exagérés; c'est le seul moyen d'acquérir une autorité morale sur lui.

On ne peut parler de l'Impuissance sans dire un mot des agents qui passent pour jouir de la faculté de provoquer aux plaisirs de l'amour et qui ont reçu le nom d'*Aphrodisiaques.* La liste en est extrêmement longue. Ils se tirent des trois règnes, végétal, animal et minéral, et il faut leur ajouter certaines manœuvres d'ordre physique.

Sont réputés Aphrodisiaques, la plupart des crucifères, les racines des ombellifères, les champignons, les aromates exotiques (amome, gingembre. curcuma, vanille, poivre, muscade), mais il le sont à des degrés d'efficacité bien différents. Les plus renommés parmi les végétaux sont la truffe, la sarriette, le genseng, le haschisch, la roquette, dont Martial a dit :

*Excitat ad venerem tardos eruca maritos.*

Dans le règne animal, ce sont les poissons et particulièrement leur laitance, les huîtres, les moules, le musc, l'ambre gris, le castoreum et, le plus renommé, la cantharide.

Le règne minéral fournit le soufre et le phosphore.

De tous ces agents si divers, les plus connus dans notre pays sont la truffe, le phosphore et la cantharide. Mais une amère déception — quelquefois une cruelle punition — attend ceux qui ont recours à leur action passagère.

Toutefois, ce triste résultat n'est dû généralement qu'à l'emploi du phosphore et de la cantharide ; car, à vrai dire, l'usage modéré de la truffe et des autres substances végétales n'a pas de sérieux inconvénients : la truffe, par exemple, peut procurer une stimulation quelque peu amoureuse, mais qui ne peut jamais conduire celui qui en use à surmener ses organes et à nuire sérieusement à sa santé.

« Les aphrodisiaques, dit Ricord, manquent souvent leur effet ou créent un état maladif très-décidé, même douloureux, dont l'idée ne se concilie pas avec celle des plaisirs amoureux. Il n'y a donc pas, à proprement parler, de véritables aphrodisiaques : tous les moyens prônés pour réveiller les sens épuisés et relever l'homme de sa déchéance, ne sont que des agents factices : la jeunesse, la santé, un régime sobre de vie sont les vrais et seuls aphrodisiaques. »

Citons pour mémoire les pratiques externes employées pour produire l'érection, telles que l'urtication, les frictions, les affusions froides, l'électricité, la ventouse agissant sur le pénis, et beaucoup d'autres moyens que la lubricité a inventés, et terminons par l'indication de quelques compositions ou formules aphrodisiaques les plus célèbres chez les Orientaux.

L'*urtication* est une sorte de flagellation pratiquée sur la peau avec des feuilles d'ortie fraîches (*Urtica urens*), dans le but de déterminer une irritation plus ou moins vive Il se développe par suite de cette pratique de la rougeur avec douleur brûlante, due à la liqueur âcre qu'introduisent dans la peau les aiguillons de la plante, puis une éruption particulière, accompagnée de cuisson et de prurit, appelée *urticaire*. Ce moyen révulsif puissant a été appliqué jadis dans les cas de coma, de paralysie, d'aménorrhée, etc. Il a été aussi employé sur les parties voisines des organes sexuels pour y provoquer un afflux sanguin et combattre la frigidité.

L'urtication diffère de la *flagellation* (laquelle s'exerce avec des *verges de bouleau* sur les reins, les lombes et les fesses), en ce qu'elle agit plutôt intérieurement qu'à l'extérieur, vu qu'elle introduit dans le tissu cutané une liqueur âcre qui provoque de l'irritation avec développement d'une éruption spéciale très-pruriginEuse. De plus, elle s'applique directement sur les parties sexuelles, qu'elle congestionne et auxquelles, si on la répète, elle restitue pour un temps, hélas ! bien court, la fonction érectile perdue.

Nous croyons inutile de nous étendre sur le mode d'action des *frictions*, des *affusions froides*, de l'*électricité*, etc., employées en vue de déterminer l'érection du pénis ou de rappeler vers le système génital une vitalité en déchéance; leur manière d'agir est analogue à celle de l'urtication, mais beaucoup moins active.

Quant aux préparations Aphrodisiaques, elles sont en nombre considérable. Les *Cantharides* entrent dans la composition des plus célèbres, qui sont en même temps les plus dangereuses; car l'insecte, bien qu'ingéré à très-petites doses, porte d'affreux ravages dans l'estomac et les voies urinaires. Il faut donc repousser les *diablotins* d'Italie, les *pastilles vénitiennes* et la plupart des *philtres* qui contiennent cette substance toxique.— Le *phosphore* n'est pas moins dangereux.

Sur le même rang que le phosphore et la cantharide peut être placé le *Bupreste sacré* ou Scarabée des anciens Égyptiens. De tous les Aphrodisiaques, ce serait le plus puissant, au dire de Pariset. On voit cet insecte sculpté dans les tombeaux de Thèbes, laissant tomber de son bec une humeur dans la bouche d'un homme dont le pénis en érection projette des petits enfants. On vend encore, de nos jours, chez les Orientaux, une *teinture alcoolique de Scarabée* pour remédier à l'épuisement causé par les excès vénériens.

Voici quelques autres préparations.

*Vin aphrodisiaque.*

| | |
|---|---|
| Gousses de Vanille..... | 30 gr. |
| Cannelle............ | 30 |
| Genseng.......... | 30 |
| Rhubarbe.......... | 30 |
| Vin de Malaga...... | 1 litre. |

Faites macérer pendant quinze jours ces substances dans le vin, en ayant soin d'agiter chaque jour. Filtrez et ajoutez quinze gouttes de teinture d'ambre.

*Elixir aphrodisiaque.*

| | |
|---|---|
| Ambre gris... | 2 gr. |
| Aloès........ | 6 |
| Benjoin...... | 12 |
| Musc......... | 2 centigr. |

Pilez le tout ensemble et versez dessus quantité suffisante d'alcool, de manière à noyer la masse :

faites chauffer au bain de sable, filtrez et mettez en bouteille, que vous boucherez hermétiquement. — Prendre à la dose de 4 ou 5 gouttes dans du bouillon.

*Potion aphrodisiaque,*

| | |
|---|---|
| Myrte musqué .......... | 8 gr. |
| Citronnelle ............. | 4 |
| Roquette.............. ... | 4 |
| Muscade................ | 2 |
| Écorce d'orange amère... | 2 |

Faites, selon l'art, une potion que vous aromatiserez avec quelques gouttes d'alcoolat de mélisse.

*Emulsion cantharidée* (GUIBOURT).

| | |
|---|---|
| Huile de cantharides par infusion... | 2 gr. |
| Gomme arabique.................. | 8 |
| Jaune d'œuf...................... | 1 |
| Eau de genièvre................... | 90 |

Ces diverses préparations, dont il serait facile d'augmenter considérablement le nombre, la dernière surtout, ne doivent être employées qu'avec l'autorisation du médecin. Nous conseillerions plutôt de les proscrire absolument et dans tous les cas possibles; car, si nous en avons indiqué quelques-unes, c'est à titre de renseignement tout simplement.

Au même titre, nous allons rapporter quelques

faits qui démontrent le danger de certains breuvages. Nous en emprunterons la relation abrégée au livre de F. Devay.

« Le voluptueux Lucculus et le poëte Lucrèce expirèrent au milieu de transports frénétiques pour avoir pris des breuvages hippomaniques.

« Ambroise Paré raconte qu'une courtisane ayant administré une potion cantharidée à son amant, pour le rendre plus amoureux, l'infortuné fut atteint de priapisme et mourut d'hémorrhagie urétrale.

« L'acteur Molé dut la mort à une potion semblable.

« Un de nos bons compositeurs, l'auteur de Joconde, fut également victime d'un aphrodisiaque incendiaire. »

Un pauvre homme d'Orgon, en Provence, dit le docteur Cabrol, ayant, par le conseil d'une vieille femme, pris une potion faite avec des semences d'ortie, des ciboules et deux drachmes de cantharides, devint d'une salacité si furieuse qu'il répéta l'acte vénérien trente fois en deux nuits, et qu'il en mourut.— Evidemment, cet homme éprouvait, dans ses transports maladifs et forcés, plus de douleur peut-être que de plaisir : autre motif de ne pas rechercher des jouissances qui ne sont pas provoquées par la nature.

## SECTION II.

### DE L'IMPUISSANCE CHEZ LA FEMME.

Ce n'est que quand elle ne peut recevoir l'Homme que la Femme est réputée impuissante. Or, c'est un cas qui se présente rarement.

Le Femme a sur l'Homme cet avantage qu'elle peut se prêter aux rapports sexuels sans y jouer un rôle actif, et même en restant dans une indifférence complète.

Cette sorte de Frigidité constituerait, suivant F. Roubaud, une Impuissance relative, en raison du défaut de sensation voluptueuse, laquelle serait nécessaire pour assurer la Fécondation.

De cette manière de voir résultent, suivant le même auteur, deux espèces d'Impuissance : 1° celle par obstacle à l'Intromission ; 2° celle par Frigidité.

#### § 1er. — *Impuissance par obstacle à l'Intromission.*

Les obstacles en question ne sont autre chose que des anomalies congénitales ou acquises de la vulve et du vagin, une imperforation de ces organes, la résistance insurmontable de l'hymen, des brides,

des adhérences, des rétrécissements anatomiques ou chirurgicaux, des tumeurs, des abcès situés au voisinage de l'entrée vaginale, etc. ; toutes affections dont la chirurgie revendique spécialement l'étude.

Mais il est un état pathologique de la vulve et du vagin qui consiste en une sensibilité extrême avec resserrement spasmodique de ces ouvertures, et qui met obstacle à l'approche du mari à cause des douleurs excessives qu'elle détermine. Cet état, essentiellement nerveux, est connu sous le nom de *Vaginisme*. — Il en sera question plus loin.

*Anomalies de la Vulve et du Vagin.* — Il faut entendre par là les vices de conformation. Ainsi la Vulve peut être oblitérée ; mais il faut distinguer : cette oblitération, complète ou partielle, peut consister dans une adhérence des grandes lèvres, contractée originellement avant la naissance, ou par suite d'accident traumatique ; elle peut être due à la membrane hymen, qui oppose parfois une résistance insurmontable aux efforts du mari le plus vigoureux.

Le clitoris ne pourrait gêner la fonction copulatrice qu'autant qu'il serait d'un volume excessif, cas très-rare, du reste : et d'ailleurs il est impossible d'admettre qu'il puisse empêcher le congrès d'une façon absolue.

On a remarqué que les Femmes chez lesquelles le

clitoris est très-développé et s'érige à la manière du pénis de l'Homme, qu'il simule alors, sont portées à préférer les personnes de leur sexe pour se procurer des jouissances voluptueuses. Ces Femmes sont atteintes du vice de la *Tribadie*, expression qui veut dire : habitude de se *frotter*, mais elles ne sont pas impuissantes pour cela, ni stériles.

Le Vagin peut être rétréci, obturé, bifide, absent même ; dans ce dernier cas, l'Impuissance est absolue et irrémédiable. Dans les autres cas, le coït est plus ou moins gêné, difficile ; et lorsque le Vagin communique anormalement dans la vessie ou le rectum, bien que l'intromission soit facile, trop facile même, les choses ne sont pas moins équivalentes à une Impuissance réelle.

Lorsque la matrice ne communique pas avec l'extérieur par suite de l'oblitération du vagin ou de la vulve, il y a lieu de rechercher si cet organe lui-même ne manque pas. Quand, par le toucher rectal ou de toute autre manière, on constate la présence de l'utérus, alors se dresse la question de savoir si la menstruation s'opère, et, dans l'affirmative, celle de donner issue au sang des règles. Or, ce sont là des cas de pathologie chirurgicale qui ne peuvent nous occuper davantage.

Les communications anormales du vagin avec les organes voisins constituent une dégoûtante infirmité qui équivaut à l'Impuissance. J.-L. Petit a vu une jeune fille de quatre ans, qui était venue au monde n'ayant ni urètre, ni petites lèvres, ni clitoris; elle avait un vagin assez large, mais elle rendait involontairement ses urines parce que le sphincter urétral manquait.

Une autre, dit le même auteur, qui avait tout l'extérieur de la vulve, le clitoris, les nymphes, les grandes lèvres bien conformés, mais à qui il manquait tout l'urètre et le col de la vessie, rendait ses urines à l'entrée du vagin par un trou assez large pour y mettre le petit doigt.

Mais il est une cause d'Impuissance d'un autre ordre et qui a été déjà signalée : nous voulons parler du *Vaginisme*. C'est un état nerveux de la vulve ou du vagin, qui s'accompagne, à l'approche du mari, de douleurs telles que l'épouse le repousse malgré le vif sentiment du devoir qui la domine. Il faut distinguer. Tantôt il s'agit d'une névralgie pure et simple de la vulve, et, dans ce cas, l'obstacle est plutôt moral, dynamique, que physique et matériel ; tantôt on a affaire, au contraire, à un spasme du vagin (Vaginisme proprement dit) lequel met un obstacle matériel à l'intromission du pénis, attendu qu'indépendamment de la vive douleur, il y a rétrécissement, resserrement convulsif du canal, tel parfois qu'on n'y peut faire pénétrer un tuyau de plume.

## § 2. — *Impuissance par Frigidité.*

C'est pour nous conformer à la distinction établie par l'auteur du *Traité de l'Impuissance et de la Stérilité* que nous créons ce paragraphe, car, en réalité, chez la Femme la Frigidité ne peut être considérée comme cause d'Impuissance, puisqu'elle ne forme aucun obstacle à la copulation. Tout au plus la froideur, l'absence des désirs pourraient atténuer la faculté fécondante, sans que pour cela il y ait motif à admettre la Stérilité.

Roubaud constate bien cette vérité ; mais il ne peut s'empêcher de voir dans la Frigidité un état fâcheux qui, rendant la Femme indifférente pour l'acte le plus important de son existence, peut faire naitre la discorde entre les époux.

Nous le répétons : quoique la Femme ne puisse être réputée impuissante que quand elle ne peut recevoir l'Homme, de même que celui-ci ne l'est réellement que quand il ne peut exercer la conjonction charnelle, du moment qu'on admet chez celui-ci la froideur du tempérament comme cause d'Impuissance, il est à plus forte raison permis de reconnaître la même disposition chez la Femme.

La *Frigidité* se dit surtout du sexe masculin, parce que l'expression s'adresse plutôt à l'organe qu'à la constitution; mais elle est plus commune chez les Femmes que chez les Hommes, en ce sens que beaucoup parmi les premières ne sentent l'aiguillon de la volupté ni avant ni même pendant l'acte sexuel le plus intime.

Cette indifférence, cette froideur de tempérament est considérée comme conduisant à l'Infécondité plutôt que comme condition d'Impuissance.

Du reste, les causes de la Frigidité sont les mêmes chez la Femme que chez l'Homme. Elles se rattachent au tempérament, à l'imperfection des organes, aux maladies qui ont épuisé la constitution, à l'abus des plaisirs, aux écarts d'une imagination frappée ou d'une raison égarée, etc.

Suivant Kobelt, l'accouchement peut enfanter l'insensibilité génésique lorsqu'il donne lieu à une déchirure de la vulve et que la sensibilité du clitoris est affectée. Ce phénomène d'anaphrodisie temporaire s'explique par le jeu harmonique qui rattache l'appareil génital tout entier au clitoris, siége spécial, unique peut-être, du plaisir voluptueux.

Après l'accouchement, le clitoris ne peut guère s'ériger. Roubaud cite le cas d'une Femme qui, voulant se livrer à des plaisirs solitaires quelques jours après sa délivrance, ne put parvenir à se procurer les sensations voluptueuses qu'elle recherchait; elle ne les retrouva qu'après un repos assez long.

La sensibilité organique des organes s'émousse par l'abus des lavages et des lotions astringentes dont certaines Femmes font usage sans discernement dans le but de raffermir les tissus et de leur communiquer le ton qui n'appartient qu'à la jeunesse.

Les pratiques de la masturbation et de la tribadie (V. *Célibat.*) produisent les mêmes effets

## SECTION II.

### MOYENS DE REMÉDIER A L'IMPUISSANCE CHEZ LA FEMME.

Les anomalies congénitales ou accidentelles de la vulve, du clitoris et du vagin sont au-dessus des ressources de l'art ou doivent être combattues par le chirurgien. On remédie par une opération assez simple à l'occlusion de la vulve et du vagin. Quant au développement exagéré des petites lèvres, ce n'est que dans les pays chauds qu'il s'observe : et là on en excise une portion, pour se conformer à une règle hygiénique et pour faciliter l'intromission du membre viril. Des individus étrangers à la médecine font métier de retrancher une partie de ces organes : Ils s'en vont par les rues, dit Amb. Paré, en criant : Quelle est celle qui veut être coupée ?

Quand le vagin se termine en cul-de-sac, sans apparence de col utérin au fond, de deux choses l'une : ou il est complétement obturé, ou il offre une ouverture par laquelle le sang menstruel s'échappe. Dans le premier cas, il est presque certain que la matrice manque ou est atrophiée ; s'il en est autrement et si les règles s'accumulent derrière l'obstacle, il y a nécessité de leur ouvrir un passage au moyen d'une ponction pratiquée dans le cul-de-sac vaginal ; dans le second cas, l'abstention de tout traitement, comme du mariage, est indiquée.

Le vagin simplement rétréci peut être soumis à une dilatation progressive, comme dans le cas suivant, rapporté par Van Swieten :

« Une Femme mariée à un Homme dont la force virile n'était pas douteuse, ne put lui faire goûter les plaisirs de la couche nuptiale, et elle allait voir son mariage déclaré nul, quand Benevoli, consulté, mit en usage la médication suivante : il employa d'abord les fomentations émollientes ; ensuite il introduisit un pessaire de racine de gentiane dans toute la longueur du canal, comme s'il se fût agi d'agrandir une fistule, et il augmenta progressivement le volume de ce pessaire jusqu'à ce qu'il pût le remplacer par la moelle d'une tige de maïs, et arriver ensuite à l'éponge préparée. Ces diverses substances, en s'imprégnant des mucosités vaginales, se gonflèrent, dilatèrent progressivement le vagin, et le rendirent apte à remplir ses fonctions. »

Le *Vaginisme* dépend-il d'un état inflammatoire, il faut le combattre par tout le cortége des émollients généraux et locaux ; au nombre de ces derniers sont les lotions et les bains entiers ou de siége avec eau de son, de racine de guimauve ou de graine de lin ; que s'il est plus spécialement spasmodique, on rendra des bains et lotions narcotiques au moyen d'une décoction de pavot, de morelle, de belladòne, de stramonium, etc. Quelquefois ces moyens demeurent impuissants : alors il faut avoir recours à la dilatation graduelle, à l'aide de mèches belladonées augmentées progressivement de volume, ou à la dilatation brusque, qui se fait au moyen des deux doigts indicateurs introduits dans le vagin et tirant en sens inverse. Dans ce dernier cas, la Femme doit être préalablement plongée dans l'anesthésie par le chloroforme.

# CHAPITRE SIXIÈME

## LA STÉRILITÉ

La Stérilité est l'inaptitude à la Fécondation.

Nous ne reviendrons pas sur les caractères qui la distinguent de l'Impuissance. (V. ce mot.)

Les conditions physiologiques et les affections pathologiques susceptibles d'entraîner la Stérilité se rencontrent dans les deux sexes.

Nous avons donc à étudier :

1° La Stérilité chez l'Homme.

2° La Stérilité chez la Femme.

Mais, avant d'entrer dans le cœur de notre sujet, examinons certaines conditions, d'un ordre général, qui peuvent être considérées comme agissant sur le pouvoir fécondant de l'un et de l'autre conjoint.

Toutefois, c'est là le côté le moins certain, le plus

problématique même de la question qui va nous occuper.

Et d'abord, comment expliquer ce fait étrange qu'un individu, n'importe le sexe, qui, se présentant dans les conditions les plus favorables à la Fécondité — du moins en apparence, — ne peut pourtant parvenir à reproduire son semblable? On invoque comme causes les diathèses, certaines affections constitutionnelles, les dispositions idiosyncrasiques, les rapports entre consanguins, etc. Voyons ce que valent ces causes.

La scrofule, la tuberculose, le cancer et surtout la syphilis chronique sont des états diathésiques qui, assurément, altèrent les humeurs, la crase du sang et la constitution : rien d'étonnant, par conséquent, à ce qu'ils portent leur funeste influence sur la sécrétion de l'humeur spermatique et qu'ils la corrompent au point de la priver de son pouvoir fécondant. Toutefois, il faut apporter une grande réserve dans l'admission de telles causes.

En effet, pour plusieurs auteurs, du moment que le sperme contient des Spermatozoïdes, ce liquide est en possession de la faculté de vivifier les ovules, quel que soit l'âge ou l'état de santé de l'Homme qui le produit. Mais toute la question n'est pas là : il y a à voir si les animalcules spermatiques ne sont pas eux-mêmes malades, chétifs, mal conformés. Or, nous savons que, d'après ce qu'a observé le Dr Girault, cette question est prépondérante.

Le même raisonnement est applicable à la Femme qui, quoique bien conformée et bien réglée, ne concevrait pas : ses ovules (œufs) ne seraient-ils pas entachés de quelque imperfection ?

Quand, dans les unions de deux êtres placés dans les conditions en apparence les plus favorables, il ne survient pas de grossesse, Roubaud explique le phénomène par la supposition que le germe fécondé se détache dans les premiers jours de son arrivée dans la matrice, et qu'il est expulsé inaperçu avec les règles. L'Homme, dit-il, avait fécondé la Femme, qui a pu l'être, mais le principe diathésique existant dans l'un ou dans l'autre facteur a porté son action sur la vitalité de l'embryon ou sur celle de la matrice, et l'avortement précoce s'en est suivi.

D'après cette manière de voir, la diathèse syphilitique ne rendrait pas stérile l'individu qui en est affecté, du moment que le sperme serait riche en Zoospermes ou que les règles seraient régulières : le germe a pu être fécondé, il l'est même le plus souvent, mais il a reçu un principe morbide qui l'a empêché de se fixer dans la cavité utérine.

Quant à l'influence de la consanguinité sur la vitalité des produits de la fécondation, c'est un sujet enveloppé encore d'obscurité et sur lequel nous nous sommes déjà prononcé.

Devay a écrit, sur les dangers des Mariages entre consanguins, un livre dans lequel il fait l'énumération des « maladies de famille découlant de mauvais mariages. » Il prétend que ces sortes d'alliances sont stériles ou qu'elles frappent les rejetons dans leur structure et dans leur santé. Sur 82 faits pathogéniques. il en compte 22 à l'avoir de la Stérilité, dont 16 de Stérilité absolue, et 6 dans lesquels il y a eu conception, mais qui a été suivie d'avortement dans les premiers mois de la grossesse. Ces alliances qui, pour la plupart, dataient de 8 à 10 ans, ont eu lieu entre cousins germains ou issus de germains. 4 seulement regardent des oncles qui ont épousé leurs petites nièces.

Nous n'avons aucune raison de mettre en doute la réalité des faits ci-dessus ni d'en atténuer la portée. Cependant, nous l'avons dit déjà, et nous le verrons plus tard en parlant du Mariage, la consanguinité ne mérite pas les accusations graves qu'on a dirigées contre elle.

Et puis il est si facile de créer des théories et d'en tirer des inductions ; seulement les faits bien observés ne tardent pas à les démentir.

Pour ce qui a trait spécialement aux unions sans postérité, on en cherche bien loin et bien hypothétiquement la cause quand il faudrait tout simplement voir si du côté de l'Homme l'éjaculation spermatique se fait dans une direction convenable, et du côté de la Femme si l'utérus est dans une position favorable ou si cet organe n'est pas le siége d'un état maladif quelconque.

Terminons ces considérations générales par le passage fantaisiste suivant emprunté à Virey : « C'est lorsque la Femme est le plus femelle et l'Homme le plus viril, c'est quand un mâle brun, velu, sec, chaud et impétueux trouve l'autre sexe délicat, humide, lisse et blanc, timide et pudique, que s'établit l'amour le plus pénétrant. Si l'on unit deux tempéraments semblables, comme Voltaire et la marquise du Châtelet, qui ne pouvaient ni se quitter ni se souffrir longtemps ensemble, cette similitude d'égalité produit une source de querelles et devient une cause de stérilité très-remarquable. »

## SECTION I^re^.

### DE LA STÉRILITÉ CHEZ L'HOMME.

Le rôle de l'Homme dans l'acte de la fécondation se réduit à ceci : verser la liqueur fécondante dans les organes génitaux de la Femme.

Quant au plaisir, à l'ivresse voluptueuse, aux transports des sens, ils ne sont qu'accessoires, bien qu'étant l'aiguillon provocateur.

Il faut donc que le sperme soit sécrété, élaboré et éjaculé dans des conditions convenables. De là trois conditions essentielles pour que la Fécondation ait lieu ; si ces conditions font défaut, il en résulte autant de causes de Stérilité.

Ainsi donc ce chapitre sera divisé de la manière suivante : 1° Troubles de la sécrétion spermatique ; — 2° Troubles de la fonction d'excrétion spermatique ; — 3° Mauvaises conditions du sperme ; — 4° Moyens à employer pour remédier à ces causes de stérilité.

### § 1er. — *Troubles de la sécrétion spermatique.*

Un grand nombre de causes, les unes pathologiques, les autres physiologiques, peuvent troubler les fonctions testiculaires. Telles sont, pour les premières, les maladies qui affectent les testicules ; pour les secondes, l'âge ou trop tendre ou trop avancé, l'état général de la constitution, les diathèses, etc.

*Maladies des testicules.* — Nous ne pourrions

nous étendre sur ce sujet sans faire double emploi avec ce que nous avons dit des causes de l'Impuissance. Il est inutile, par exemple, de répéter que l'absence des glandes spermatiques est une cause de Stérilité absolue.

Les testicules peuvent n'être absents qu'en apparence ; assez souvent ils sont retenus dans la cavité abdominale, particularité anatomique connue sous le nom de *Cryptorchidie* ; dans ce cas, le sperme est mal élaboré, ne contient pas de Zoospermes et, partant, est infécond. Les exceptions à cette règle, dans l'espèce, sont très-rares. Mais il suffit que l'un des deux testicules soit descendu dans le scrotum pour que l'individu soit apte à féconder sa compagne.

L'*Atrophie* des testicules est une cause de Stérilité, mais à cet égard il n'y a rien d'absolu, car, pour être plus ou moins troublée, la sécrétion opérée par ces organes peut n'être pas entièrement dépourvue de Zoospermes. Si l'atrophie est congéniale, la faculté fécondante sera encore plus affaiblie que si cette atrophie est accidentelle, et l'effet d'une inflammation, d'une compression répétée, par l'équitation par exemple.

La *dégénérescence* cancéreuse ou tuberculeuse des testicules doit nécessairement altérer la fonction de l'organe et la constitution de son produit, quand toutefois celui-ci est sécrété.

Il est inutile de revenir sur le role de la *Criptorchidie*, dont nous venons de parler, et qui a été signalée déjà précédemment.

Les *maladies de l'épididyme* ne sont pas moins fatales à la Fécondation : l'inflammation de cette partie du testicule, l'*Épididymite*, a pour effet d'oblitérer, par un travail d'*induration* généralement très-tenace, les canaux déliés et sinueux qui la constituent. Toutes les fois que cette inflammation n'a pas produit l'induration en question, la fonction séminale ne subit aucun trouble, et l'on peut constater la présence des Spermatozoïdes dans le liquide éjaculé.

Il paraît donc certain que l'*induration* des épididymes, quelle qu'en soit la source, entrave la marche des Zoospermes et les empêche d'arriver jusqu'aux vésicules séminales.

Ajoutons, toutefois, que cette affection n'entraine pas de changement appréciable, pour les malades, dans les fonctions des organes génitaux.

On peut se demander maintenant si ce sont les animalcules seuls ou le sperme lui-même qui sont arrêtés dans leur marche. Ce qu'il y a de certain, c'est que le liquide éjaculé conserve ses qualités physiques et chimiques et l'odeur *sui generis* qui lui est propre. Pourtant, quelques physiologistes prétendent que ce liquide n'est autre chose alors que le produit de la sécrétion des vésicules séminales; que le sperme véritable continue d'être élaboré par les testicules (ce qui explique la persistance des désirs vénériens); mais qu'il rentre dans l'organisme par résorption, au lieu d'être évacué par le canal de l'urètre.

Quand l'engorgement épididymique ne frappe qu'un seul testicule, le pouvoir fécondant persiste dans l'autre glande qui reste saine. On conçoit aussi que certains individus, après avoir été stériles pendant les premiers mois qui suivent une épididymite double, puissent, au bout d'un certain temps, redevenir aptes à la Fécondation.

### § 2. — *Troubles de l'excrétion Spermatique*

Une oblitération ou une simple obstruction des canaux déférents et éjaculateurs et des vésicules séminales peut déterminer la Stérilité, en mettant obstacle à la marche et à l'éjaculation du sperme. Mais ces causes sont difficilement constatées. Dans l'épididymite de nature blennorrhagique, le canal déférent participe à l'induration, ce dont il est facile de s'assurer en comprimant entre le pouce et l'in-

13

dex le cordon, en arrière duquel on distingue facilement ledit canal, donnant la sensation d'une artère à parois résistantes.

Les vésicules séminales et les canaux éjaculateurs peuvent être le siége d'affections qui portent une grave atteinte à la nature du sperme et à sa provision.

La plus commune de beaucoup est une irritation, une surexcitation qui occasionne les pertes de semence passives (V. *Spermatorrhée.*) et qui appauvrit la liqueur séminale en Zoospermes, ou qui peut même l'en priver tout à fait. Cette surexcitation, qui va jusqu'au degré inflammatoire dans certains cas, est causée par l'abus des jouissances, par l'habitude de l'onanisme, etc.

Les canaux éjaculateurs changent quelquefois de direction par l'effet d'un gonflement inflammatoire de la prostate : dans ces cas, l'éjaculation est plus ou moins contrariée; parfois même, au lieu d'être chassé par l'urètre, le sperme prend le chemin de la vessie et s'y perd.

Il arrive aussi que les muscles ischio et bulbo-caverneux exécutent mal leurs fonctions, par des causes semblables à celles que nous venons de signaler (masturbation, faiblesse générale ou locale, spermatorrhée); or, dans ces cas, le sperme reste dans l'urètre ou sort de ce canal en bavant et présentant une fluidité plus prononcée qu'à l'ordinaire : c'est ce qui constitue l'*Aspermatisme*, dénomination inexacte, car le sperme ne manque pas, mais seulement il n'est pas poussé par des forces suffisantes.

En somme, toutes les causes de Stérilité chez l'Homme se réduisent à deux radicales, qui sont l'*Aspermatisme* et la *Spermatorrhée :* dans le premier cas, le liquide fécondant n'arrive pas dans les organes génitaux de la Femme; dans le second, il y a perte incessante de ce produit de sécrétion, altération consécutive de sa constitution ainsi qu'affaiblissement croissant des organes, d'où Impuissance et Stérilité.

Il est enfin une Stérilité relative, dépendant de certains états pathologiques de l'urètre, tels que corps étrangers obstruant ce canal, rétrécissements, brides, coarctations, contractilité spasmodique, etc., toutes causes dont le mode d'action est de gêner ou d'empêcher le cours du liquide prolifique.

L'*Hypospadias* et l'*Epispadias* (V. p. 174) jouent un rôle encore plus funeste au point de vue de la Fécondation.

L'*Hypospadias* est caractérisé par une situation défectueuse, anormale, de l'ouverture urétrale, qui se montre, non à l'extrémité, mais à la face inférieure de la verge; or, cette ouverture, selon qu'elle se trouve à la base du gland ou plus ou moins près des bourses, imprime à l individu qui en est affecté un caractère de Stérilité plus ou moins absolu.

Quoi qu'on en ait dit, lorsque l'ouverture urétrale est placée près du gland, le sperme peut être déposé dans une profondeur du vagin suffisante pour que la Fécondation ait lieu ; mais si elle se trouve tout à fait en arrière, à la racine du membre viril, et surtout au fond d'une division longitudinale du scrotum, où elle a été prise quelquefois pour la vulve (V. *Hermaphrodisme.*), la Stérilité en est un effet certain, puisque la liqueur séminale ne va même pas lubrifier la vulve et qu'elle tombe entre les jambes du malheureux qui la fournit.

Il est bon de faire remarquer que la *brièveté du frein*, en abaissant considérablement le gland, peut faire croire à l existence de l'Hypospadias.

L'*Epispadias* consiste en ceci, que l'ouverture urétrale est placée non plus au-dessous de la verge, mais au-dessus. Cette anomalie est beaucoup plus rare que la précédente, mais ses conséquences sont les mêmes.

Nous devons ajouter, toutefois, que les Hypospades et les Epispades ne sont pas frappés de Stérilité absolue, que leur sperme peut être aussi fécond que chez tout autre homme : à preuve que l'on peut les rendre pères en les faisant se prêter à la Fécondation artificielle. (V. ce mot.) En voici un exemple.

Le Dr Girault raconte ce qui suit :

« Je fus consulté par M. M..., musicien de talent, qui était affecté d'un Hypospadias aux 2/3 postérieurs de la verge. Il me dit que lui et sa femme avaient grande envie d'avoir des enfants, mais que dans sa position il ne pouvait espérer ce bonheur. Je le consolai beaucoup en lui promettant de surmonter cette difficulté si sa dame voulait s'y prêter. Je lui parlai de mon procédé, qui ne lui convint pas beaucoup; mais comme c'était le seul moyen, il fallut bien s'y soumettre. Le 27 août 1840, il vint avec sa femme, âgée de 24 ans. Celle-ci, pour plaire à son mari, était prête à se soumettre à toutes les exigences. L'examen des organes génitaux démontra leur parfait état. Je connaissais le fait rapporté par Hunter d'un homme atteint de la même affection et qui rendit sa femme enceinte en injectant dans le vagin le sperme qu'il venait de recevoir dans une seringue; mais je crus plus prudent et plus sûr de pratiquer l'injection dans l'utérus. Je laissai la femme et le mari ensemble, et au bout de quelques instants le mari me remit la liqueur séminale dans un petit vase que je lui avais laissé. Je mis le sperme dans ma sonde, je fis coucher la femme sur un canapé, j'introduisis la sonde dans le col utérin et je soufflai avec ma bouche dans le petit entonnoir. La dame M... était au vingt-troisième jour de ses règles qui ne revinrent pas. Elle devint enceinte et accoucha d'une fille le 30 mai 1841. Je n'étais plus à Paris : je reçus cette nouvelle en province, et depuis je n'ai plus entendu parler de cette famille. »

L'*âge* doit être pris en considération dans les questions d'Impuissance et de Stérilité. Nous avons indiqué déjà les époques de la vie où les fonctions génitales sont appelées à s'exercer. (V. p. 61). Il est bien entendu que nous avons ici en vue la Fécondité, non l'Impuissance, car celle-ci peut ne pas exister alors que la Stérilité est certaine. Par exemple, l'adolescent, dont la liqueur spermatique est encore dépourvue de Zoospermes, exercera le coït avec une grande ardeur ; le vieillard, qui sécrète un sperme dépourvu de ces animalcules, est susceptible d'entrer en érection et de se livrer à la copulation, et cependant l'un et l'autre sont stériles.

Mais voici une question embarrassante qui surgit. Le sperme des Hommes très-avancés en âge (86 ans, Duplay) contient encore des Spermatozoïdes, et pourtant à cet âge on ne féconde plus la Femme, quoiqu'on s'acquitte encore assez bien de la fonction copulatrice. Pourquoi cela ? Voici ce que dit Duplay : « Si les vieillards ne sont pas aptes à se reproduire, ce que l'on observe le plus généralement, et si, d'un autre côté, la présence des Spermatozoaires constitue la qualité fécondante de la liqueur séminale, c'est moins à la composition de leur sperme qu'aux conditions de l'art reproducteur qu'il faut attribuer l'infécondité des vieillards. »

Quelles sont alors ces conditions ? Roubaud croit avoir acquis la certitude que l'infécondité de l'âge avancé tient, dans la *majorité des cas*, chez les individus surtout qui possèdent des animalcules spermatiques normaux, à une diminution notable de la force d'émission de la liqueur séminale.

Des animalcules *normaux* : toute la question ne serait-elle pas là ? A ce sujet, rappelons ce que dit Girault. (V. p. 132.)

Nous passerons sur l'influence du tempérament, de la constitution, de l'état de santé ou de maladie, etc., parce que d'abord ce sont des causes d'Impuissance plutôt que de Stérilité, et qu'ensuite nous en avons parlé précédemment.

## § 3.—*Moyens de combattre la Stérilité de l'Homme.*

Toutes les causes de Stérilité chez l'Homme étant des états pathologiques de l'appareil générateur ou des affections générales, diathésiques, comme la syphilis ancienne, il est évident que c'est contre ces maladies qu'il faut diriger ses efforts pour restituer, s'il est possible, la faculté fécondante à l'individu qui l'a perdue accidentellement. Malheureusement, la Stérilité est plus souvent permanente, incurable, que temporaire. En tout cas, c'est au médecin ou plutôt au chirurgien qu'il appartient de remédier aux causes nombreuses et très-diverses qui ont été passées en revue.

On accuse trop souvent et trop légèrement les Femmes d'infécondité, tandis que beaucoup d'Hommes seraient les seuls viciés. Coster raconte qu'il avait pour client intime un riche négociant américain qui, en l'initiant aux détails de sa vie privée, lui apprit qu'il était à la veille de répudier sa femme, quoi qu'il l'aimât beaucoup, parce qu'elle le privait des joies de la paternité. Coster fit ajourner une décision considérée comme un grand malheur pour les conjoints, en les faisant consentir à une consultation qui n'était pas ici sans difficulté. « Choisi comme consultant, dit le professeur Pajot, je constatai que la jeune Américaine possédait tous les attributs de la santé, de la force, de la beauté. Un examen minutieux de tous les organes montra qu'ils étaient aussi irréprochables que les formes extérieures. C'est donc ailleurs qu'il fallait rechercher les causes de la Stérilité, et ce fut le mari qui nous les fournit; les Spermatozoïdes, sous la lame du microscope, furent reconnus privés de vie. A la suite de l'examen d'un habile micrographe de cette époque, M. Oberhauser, aucun doute n'était possible. Une syphilis ancienne mal traitée fut accusée par le mari et constatée. Dès lors, Coster et moi nous instituâmes un traitement spécial méthodique, qui fut parachevé par une saison passée à Bagnères-de-Luchon, sous la direction du Dr Fontan. Après un délai de six mois, notre Américain demanda une nouvelle expertise de la sécrétion séminale faite par Oberhauser ; elle fut satisfaisante, les Spermatozoïdes avaient récupéré toute leur vitalité, et depuis, plusieurs enfants témoignaient de leur puissance virile, à la très-grande joie des époux. »

## SECTION II.

### STÉRILITÉ CHEZ LA FEMME

La part que prend la Femme dans l'acte de la génération est très-complexe ; de plus, cet acte se passe dans les profondeurs de l'organisme ; en sorte qu'il est le plus souvent très-difficile, sinon impossible, de déterminer la cause qui empêche que les rapports sexuels soient suivis de fécondation.

En analysant les différentes conditions physiques qui marquent l'action copulatrice de la Femme, on les ramène à trois principales, qui sont : 1° la Réceptivité de la liqueur fécondante ; — 2° l'Ovulation et le parcours de l'ovule de l'ovaire dans les trompes; — 3° l'Imprégnation.

Ce chapitre se terminera par la revue des Moyens de combattre la Stérilité.

Quant aux influences qui découlent de la constitution, des idiosyncrasies et de ce que l'on a appelé *harmonie d'amour*, il en a été suffisamment question dans les chapitres Fécondité, Fécondation, et au commencement de celui qui porte pour titre : Stérilité.

### § 1er. — *Troubles de la réceptivité de l'utérus pour le sperme.*

Le sperme ne trouve qu'un passage fort étroit pour pénétrer dans la matrice et aller féconder l'ovule. C'est le col de l'utérus qui le lui offre, à la condition qu'il soit bien conformé, c'est-à-dire ni hypertrophié, ni atrophié, qu'il présente une direction convenable et son ouverture libre. Il faut encore qu'il ne soit pas le siége d'une vitalité anormale, consistant soit dans une atonie, soit dans une surexcitation exagérée.

L'*atrophie* du col de l'utérus peut nuire à la Fécondation, en rompant les rapports du gland pénien avec ce même col au moment des rapports sexuels; mais elle ne l'empêche pas absolument, tant que le museau de tanche n'est pas obstrué.

L'*hypertrophie* du col renverse la question quant aux rapports de la verge avec l'utérus.

L'*oblitération* du museau de tanche est évidemment une cause de Stérilité, et celle-ci sera permanente ou passagère selon le caractère de l'obstacle.

Une espèce d'oblitération très-fréquente et heureusement facile à faire disparaître est celle qui consiste dans une accumulation d'un mucus ou muco-pus épais causé par un état inflammatoire de la membrane interne du col ou de l'utérus.

Le défaut de Fécondation dépend très-souvent d'une *direction vicieuse* du col ou du corps de la matrice.

Nous nous occupons en ce moment de questions de menstruation et de mécanique physiologique. On doit comprendre alors que ce qui peut être le plus favorable à la Fécondation, c'est que, dans l'acte du coït, le museau de tanche et l'extrémité de la verge soient en rapport le mieux possible. Si ce rapport n'existe pas, le liquide séminal est lancé, non pas sur l'ouverture de la matrice, comme cela devrait être, mais contre la paroi antérieure ou postérieure du col, selon que celui-ci est dirigé en arrière ou en avant.

Les directions anormales de l'organe gestateur sont extrêmement communes. Elles sont tantôt permanentes et indépendantes de l'acte copulateur, tantôt, au contraire, elles sont accidentelles, causées par la présence de la verge, ou la position de la Femme pendant le congrès, disparaissant alors lorsque l'acte est fini. Dans d'autres cas, ce n'est pas le col seulement qui est dévié, c'est la matrice tout entière, qui, tantôt s'abaisse en masse, jusqu'à montrer son col à l'ouverture vulvaire, tantôt se fléchit en totalité ou par moitié (*flexions*), en arrière ou en avant.

Ces divers genres de déplacements, sauf ceux où le col applique son ouverture contre la vessie ou le rectum, peuvent contrarier la faculté fécondante de la Femme, mais ils ne constituent pas des causes de stérilité. Les abaissements de matrice seraient plutôt une condition favorable à la conception, surtout lorsque le congrès s'accomplit avec un Homme dont la force d'éjaculation n'est pas considérable. (ROUBAUD.)

La matrice peut être dans un état de sensibilité et d'*exaltation spasmodique* qui apporte obstacle à la fécondation par le resserrement de ses fibres et des parois du court canal qui va du museau de tanche dans sa cavité. Ou bien il y a alors défaut de coïncidence entre l'éjaculation et le mouvement spécial de réceptivité utérine. Ces mouvements utérins spasmodiques sont partagés par le bassin de la Femme et même par tout son organisme, en vertu des lois de sympathie. Lucrèce n'ignorait pas cela, puisqu'il a dit : « *Est et aliud quod peto, audiatis sine risu, scilicet forma et ratio concubitus ; quia si mulieres in concubitu retractant clunes et frequenter agitent, non concipiunt.* »

« Comme on le voit, dit Roubaud, non-seulement l'existence des spasmes utérins, mais encore leur coïncidence avec les spasmes cyniques ont été depuis longtemps reconnues, et l'on s'étonne que, devant une explication si naturelle de la stérilité de certaines femmes, des écrivains se soient égarés à la poursuite d'une harmonie d'amour et n'y aient vu qu'une union mal assortie de tempéraments, de passions, d'inclinations. »

En parlant des obstacles à l'imprégnation, nous signalerons les *excès copulateurs* et les *excès voluptueux*, qui peuvent nuire à la fécondité ou produire une Stérilité temporaire.

### § 2. — *Troubles de l'ovulation.*

Dans les fonctions génératrices, les ovaires jouent, chez la Femme, un rôle analogue à celui des testicules chez l'Homme. Par conséquent, leurs altérations de toutes sortes deviennent causes d'une Stérilité presque toujours absolue lorsque les deux organes sont intéressés. L'indice certain que leur maladie n'est point grave, ou du moins qu'elle laisse l'un des deux ovaires dans son intégrité, c'est une menstruation régulière. Toutefois. de ce qu'une Femme est irrégulièrement ou pas du tout réglée, il ne faut pas conclure à son infécondité : le défaut ou les troubles de la menstruation peuvent tenir, en effet, à un simple état idiosyncrasique, sans que la santé générale en reçoive une atteinte qui retentisse sur la faculté de concevoir.

Il importe donc de distinguer les cas où l'absence des menstrues est sous la dépendance d'une affection des ovaires, et si cette affection est de nature organique ou simplement nerveuse. A cet égard, on peut formuler les lois suivantes :

« 1° La menstruation régulière, c'est-à-dire la sécrétion, le développement et l'expulsion d'une vésicule graafienne (V. p. 154.), peut, dans quelques rares circonstances, se produire sans hémorrhagie menstruelle, et cette absence être le résultat d'une idiosyncrasie. Dans ces cas où la Fécondation est possible, la menstruation est *toujours* trahie par quelque phénomène, soit général, soit local.

« 2° La menstruation régulière, c'est-à-dire la sécrétion, le développement et l'expulsion d'une vésicule de Graaf, peut se produire sans hémorrhagie menstruelle par suite d'un état morbide de l'utérus. Dans ce cas, la Fécondation est possible, *eu égard, bien entendu, à la fonction ovarienne*, et la menstruation est *toujours* trahie par quelque phénomène, soit général, soit local.

« 3° La menstruation régulière, c'est-à-dire la sécrétion, le développement et l'expulsion d'une vésicule de Graaf, interrompue ou supprimée par une maladie des ovaires, suspend ou tarit *toujours* l'écoulement cataménial, et cette absence de l'hémorrhagie menstruelle n'est *jamais* remplacée *périodiquement* par un phénomène anormal quelconque. » (*Traité de la Stérilité*, p. 707.)

Il n'appartient qu'au médecin de pouvoir se rendre compte des diverses affections auxquelles il vient d'être fait allusion. Mais bien d'autres altérations ovariennes peuvent se rencontrer, telles que déplacements, hernies, corps étrangers des ovaires, lesquels, nécessairement, annihilent le pouvoir de conception, à moins que le trouble matériel n'existe que dans un seul organe, l'autre restant à sa place et sain.

On admet comme cause de Stérilité un avortement des vésicules ovariennes, mais c'est là un phénomène qui se passe dans la profondeur des organes de la reproduction et qui ne se manifeste pendant la vie par aucun signe positif. Le peu de lumière qui a pu être jetée sur cette cause particulière est due à l'anatomie pathologique, c'est-à-dire aux recherches faites après la mort.

« Les altérations des vésicules ovariques, dit Négrier, ont une cause prochaine commune, qui consiste dans un arrêt de développement. Cette suspension de l'évolution vésiculaire peut déterminer un véritable avortement des vésicules à tous les degrés de leurs transformations. Et cet avortement, selon qu'il est complet ou partiel, devient l'occasion d'inflammation grave ou de diverses altérations chroniques des ovaires, comme kystes, hydropisie, squirrhe, etc. »

Les troubles de l'ovulation sont encore causés par des états pathologiques des trompes de Fallope, tels que vices de conformation, lésions traumatiques, obstructions, oblitérations, et même par de simples lésions vitales consistant en un défaut de vitalité, en mouvements spasmodiques, etc. Mais sur ce point la physiologie est aussi peu avancée que la pathologie.

### § 3. — *Obstacles à l'Imprégnation.*

Que doit-on entendre par Imprégnation ? Ce mot

doit désigner, ce nous semble, la rencontre du produit mâle et du produit femelle et leur mode d'union pour donner la vie au nouvel être. Or, ce sujet, aussi mystérieux que difficile à pénétrer, a été examiné au chapitre qui traite des phénomènes intimes de la Fécondation et nous y renvoyons le lecteur.

La question des obstacles à l'Imprégnation se confond avec celle relative aux troubles de l'ovulation que nous venons de passer en revue.

Mais il n'y a pas que les affections organiques, physiques, traumatiques des organes génitaux qui empêchent la Fécondation de se faire ; il faut tenir compte aussi des lésions vitales de l'utérus et de ses annexes, de la part que prend la Femme au point de vue du plaisir, des excès de coït qu'elle commet, etc.

L'excitabilité du col de l'utérus ne doit être ni trop affaiblie ni en excès. Nous avons déjà parlé de la forme spasmodique de cette excitabilité, et c'est la seule, au reste, qui puisse empêcher l'entrée du sperme dans la matrice. Quelles sont ses causes ? L'impressionnabilité de la Femme, le plaisir excessif dans l'acte copulateur, les pratiques de l'onanisme conjugal, c'est-à-dire le coït incomplet, l'excitation voluptueuse sans réception de la liqueur spermatique, peuvent certainement la déterminer.

Quant à la diminution de cette excitabilité du col de l'utérus, elle reconnait pour causes la faiblesse de constitution, la froideur de tempérament, les abus vénériens, l'onanisme, comme dans le cas précédent.

Roubaud a écrit un chapitre intéressant sur les excès copulateurs et les excès voluptueux au point de vue de leur influence sur l'Imprégnation. Nous allons le reproduire en partie.

« Avant les recherches de Parent-Duchâtelet, il était d'opinion courante que les prostituées étaient généralement stériles ; on ne se rendait pas un compte exact des motifs de cette infécondité, et, sans plus ample informé, on en faisait un attribut fatal de ce misérable métier.

« Parent-Duchâtelet ne se contenta pas de raisons aussi légères et il entreprit de donner une base solide à l'opinion, quelle qu'elle fût, que l'on devait se faire de l'aptitude des prostituées à la fécondation.

« Ses recherches l'amenèrent à des résultats bien différents de ceux sur lesquels reposait la croyance commune, et, s'il reconnut, en effet, qu'un petit nombre de prostituées parvient jusqu'au terme ordinaire de la gestation, il constata, qu'en général, ces malheureuses n'avaient point perdu l'aptitude à la fécondation. Soit qu'elles le provoquent par des moyens criminels, soit que les circonstances anormales de leur vie de débauche et de désordres le favorisent, un avortement plus ou moins précoce est le résultat ordinaire de leur conception. Sans nous arrêter à l'avortement provoqué par des manœuvres coupables et dont personne ne met en doute la fréquence, je rappellerai, comme confirmant les idées que j'ai déjà émises sur les avortements précoces et dont j'aurai plus loin à étudier l'étiologie, je rappellerai le passage suivant du livre de Parent-Duchâtelet, qui contient en même temps l'opinion d'un des hommes les plus compétents en embryologie, de M. Serres : « J'ai parlé plus haut, dit Parent-Duchâtelet, de l'irrégularité de la menstruation chez quelques prostituées et des interruptions que présentait chez elles cette évacuation dans une foule de circonstances : ne pourrait-on pas les attribuer à une conception et à une véritable grossesse ? Cette opinion, qui a été émise devant moi par plusieurs médecins et physiologistes distingués, acquiert une grande probabilité par les observations faites par M. Serres, lorsque les prostituées étaient soignées dans une des divisions de la Pitié. Je transcris ici les réponses que cet académicien fit à mes questions : « Les pertes abondantes sont rares chez « ces femmes, mais les plus jeunes ont souvent des « retards dans leurs règles, qui se terminent par « l'expulsion de ce qu'elles appellent un *bondon*. « Pendant deux années je ne fis pas attention à

« cette expression; mais, ayant dirigé mes recherches « sur l'embryologie, j'examinai avec soin ces pro- « ductions, et il me fut facile d'y reconnaître tous « les caractères de l'œuf humain. J'ai pu, dans un « court espace de temps, en recueillir un grand « nombre, qui tous étaient sortis à une époque qui « indiquait une conception de quatre à cinq se- « maines ; c'est toujours sur des filles de dix-huit « à vingt-quatre ans que j'ai pu faire ces observa- « tions (1). »

« Cette dernière phrase semblerait indiquer que l'exercice prolongé du métier de prostituée fait même perdre le triste privilége de l'avortement précoce par l'absence complète de toute conception; cependant, il est d'une notoriété incontestable que, lorsqu'une de ces malheureuses dit adieu au lupanar, se marie ou rentre dans les conditions d'une vie régulière, non-seulement elle montre, comme toute autre femme, l'aptitude à la fécondation, mais encore elle retrouve la faculté de porter à terme le fruit de sa conception et de lui communiquer une vitalité qui n'est pas inférieure à celle des autres enfants. »

(1) *De la prostitution dans la ville de Paris*, 2e édit., t. I, p. 235 et 236.

## § 4. — *Moyens de remédier aux causes de la Stérilité de la Femme.*

Ici, comme dans tous les troubles de l'économie, soit généraux, soit locaux, il faut avoir en vue l'axiome si connu en médecine : *Sublata causâ tollitur effectus.* Ecarter les causes, tel est le premier soin qu'il faut prendre.

Mais est-il toujours facile de remplir cette indication impérieuse ? Malheureusement non, moins encore peut-être quand il s'agit des causes de la Stérilité que dans toute autre circonstance. En effet, ainsi que nous venons de le voir, les obstacles à la Fécondation chez la Femme tiennent le plus souvent à des vices de conformation auxquels il n'est pas possible de remédier, ou à des maladies qui, en modifiant la constitution des organes sexuels, leur ont fait perdre la faculté d'exécuter leur plus délicate et importante fonction.

Cependant, certains états de la matrice, tels que l'inflammation, le catarrhe du col, les flueurs blanches, les hémorrhagies, etc., surtout les déviations ou déplacements de cet organe, peuvent être combattus par un traitement approprié, de manière à restituer à la Femme le pouvoir de féconder qu'elle avait perdu temporairement.

Nous ne voulons pas empiéter sur le domaine de la médecine, encore moins sur celui de la chirurgie, mais il nous sera permis de recourir à la mécanique pour replacer, redresser et maintenir la matrice dans une position favorable à la réception du fluide séminal.

L'*élévation* exagérée de l'utérus est rare, et quand elle existe elle se rattache à quelque autre affection qu'il faut combattre. — L'*abaissement* est très-commun : il ne rend pas la Fécondation impossible, à moins qu'il n'y ait prolapsus ou *chute de la matrice*. — Le *renversement* est un état plus grave qui consiste en ce que le fond de l'utérus fait hernie par le col dans le vagin ; il est un obstacle radical à la Fécondation.

Quant à l'*inclinaison* en arrière ou en avant, on y remédie au moyen des pessaires, de l'éponge préparée ; et, si l'on a lieu de penser que la Stérilité n'est due qu'à ce genre d'affection, il est possible de la faire cesser en ramenant la matrice à sa position normale au moyen du toucher vaginal pratiqué peu avant les rapports sexuels et de façon à ce que l'organe n'ait pas encore repris sa position vicieuse lorsque le sperme sera lancé sur lui.

C'est dans ces cas si communs de déplacement de la matrice, sans autres altérations graves, que les médecins ordonnent les bains froids, les bains de mer, les eaux minérales, l'usage des ceintures hypogastriques, des bandages contentifs, etc., seuls moyens doués de quelque efficacité n'entraînant pas les inconvénients des procédés mécaniques.

L'*inertie* des organes génitaux peut, aussi bien chez la Femme que chez l'Homme, devenir un obstacle à la Fécondation. Mais c'est là une cause transitoire et mal définie du reste. Les moyens de la combattre sont : un régime tonique, excitant, les bains de mer ou de rivière l'été, les frictions, l'hydrothérapie, quelques aphrodisiaques, etc.

L'*obésité* est un signe de déchéance de l'instinct de reproduction chez l'un et l'autre sexe, mais elle conduit bien plus vite la Femme que l'Homme à la Stérilité.

Nous entrons dans des détails que nous voudrions pouvoir passer sous silence, tant nous craignons qu'ils effarouchent de pudiques oreilles et de respectables et religieux principes. Mais nous ne devions pas commencer si nous ne voulions tout dire. En tout cas, nos intentions sont pures.

Une attitude nouvelle prise pour consommer l'acte conjugal peut déterminer une Fécondation vainement attendue de la position horizontale, qui est celle de l'Homme couché sur la Femme. En effet, que le col de la matrice soit dirigé en arrière, le museau de tanche regardant le rectum, ce qui est extrêmement commun, n'est-il pas possible que par suite du congrès *à tergo*, la Femme à genoux et appuyée sur ses coudes, l'Homme en posture de quadrupède, le pénis se mette plus facilement en rapport avec l'ouverture du col ? Nous avons plus d'une preuve que ce moyen, conseillé par nous, a donné satisfaction aux époux.

Les attitudes peuvent être variées, mai il ne faut pas que ce soit dans un but de luxure cynique, comme celle qui dirigea la courtisane Cyrène lorsqu'elle inventa les diverses postures que Tibère fit peindre dans une des salles de sa maison de Caprée.

Une union se montre-t-elle stérile, presque toujours on en rapporte la cause à la Femme. Ce n'est ni exact, ni juste. Sans doute, celle-ci, en raison de la structure très-complexe de son appareil génital et de la diversité des maladies qui peuvent l'atteindre, recèle en elle, plus fréquemment que l'Homme, les conditions de l'infécondité ; mais du côté de ce dernier se rencontre une cause extrêmement commune et dont on ne tient pas assez de compte : je veux parler de l'*épididymite double*, c'est-à-dire affectant les deux testicules. Il est peu de jeunes gens, hélas ! qui ne se soient exposés à contracter la blennorrhagie, qui ne l'aient eue même plutôt deux fois qu'une, et parmi eux un grand nombre ont été affectés d'orchite et de sa conséquence presque inévitable, l'inflammation de l'épididyme. Or, nous avons dit déjà que l'engorgement chronique de cet organe met obstacle au cours du sperme, que tout au moins il prive ce liquide de sa propriété fécondante, consistant dans la présence des Zoospermes.

Le manque de Fécondation peut tenir encore, du côté de l'Homme, soit à ce que son membre est trop court, soit, au contraire, à ce qu'il a une longueur disproportionnée; dans le premier cas, le sperme peut ne pas aller frapper le col de la matrice, surtout s'il est très-élevé, et alors des essais de postures diverses sont permis; dans le second cas, c'est un effet contraire : la matrice est désagréablement titillée, ou bien le pénis verse la semence dans le cul-de-sac du vagin, soit en avant, soit en arrière, et l'imprégnation ne peut s'opérer. Ce qu'il faut faire pour remédier à cet inconvénient est très-simple : l'Homme diminue la longueur de son organe au moyen d'un bourrelet en forme d'anneau, fixé à sa base : l'épaisseur de ce bourrelet raccourcit d'autant le pénis.

Y a-t-il des substances qui, ingérées dans l'estomac, aient la propriété de rendre la Femme féconde? — Nous n'en connaissons pas. (V. *Fécondité.*)

# CHAPITRE SEPTIÈME

—

## LE CÉLIBAT

Le Célibat est l'état d'une personne nubile qui vit sans s'engager dans le Mariage.

Chanté et célébré par les uns, attaqué et bafoué par le plus grand nombre, le Célibat a occupé les moralistes, les philosophes et les économistes.

C'est que si le Mariage, comme nous le verrons, est devenu, dans toute société civilisée, une condition suprême de santé, de régularité fonctionnelle, de protection mutuelle entre l'Homme et la Femme, le Célibat, qui est l'état opposé, est logiquement considéré comme indiquant de l'égoïsme et des tendances morales à l'affranchissement des règles de la bienséance et des liens de fidélité.

Les partisans du Célibat vont jusqu'à prétendre

que c'est l'état propre au génie : Platon, Anacréon, Lucrèce, Virgile, Horace, disent-ils, furent des célibataires ; Bacon, Gœthe, Lafontaine, etc., ne prirent épouse qu'après avoir produit leurs plus beaux ouvrages. Le mariage, ajoutent-ils, est l'état dans lequel doit vivre le commun des mortels, car telle est l'alternative : ou faire des livres, des œuvres de génie, ou se contenter de faire des enfants.

Cela peut être très-spirituel et même recéler un grain de vérité ; mais le Mariage, malgré les assauts qu'il essuie, non-seulement de la part de ses antagonistes, mais encore de la part de ceux qui en ont reconnu les avantages (car il est de mode de se moquer des maris), reste debout et demeure en honneur.

Vous dites, messieurs les détracteurs de l'hyménée, que le génie est célibataire. Mais si le génie est une névrose, presque une maladie, comme le veut le Dr Moreau (de Tours), le mariage perd-il beaucoup à ne pas avoir ces hommes illustres dans son giron ?

Quelques-uns vont jusqu'à invoquer l'opinion des princes de l'Eglise catholique, saint Paul en particulier, qui était et voulait rester célibataire. Toutefois, le catholicisme a envisagé le Célibat sous un jour tout différent. Tout entier à sa foi et à sa sublime mission, saint Paul a pu dire à ses fidèles :

« Je désire que vous soyez semblables à moi; celui qui se marie fait bien (car il vaut mieux se marier que brûler), mais celui qui ne se marie pas fait encore mieux. » Mais nos célibataires comprennent-ils à la façon de saint Paul la vie en dehors du mariage?

Pris au sérieux, c'est-à-dire avec abstinence absolue de rapports sexuels, le Célibat peut certainement devenir la source d'une foule de maladies; mais encore a-t-on singulièrement exagéré ses méfaits. S'il n'est pas strictement observé, il n'est qu'une hypocrisie, un manteau qui cache un fond d'immoralité. A ce double point de vue, il est condamnable de par la physiologie et la morale.

Nous verrons bientôt ce qu'il faut penser du Célibat ecclésiastique.

Ce chapitre sera divisé de la manière suivante: 1° le Célibat est nuisible à l'individu; 2° le Célibat est nuisible aux maris et à la société; 3° le Célibat conduit aux habitudes pernicieuses de l'onanisme; 4° il est la cause la plus fréquente et la plus efficace du satyriasis et du priapisme, de l'hystérie et de la monomanie érotique; 5° ce qu'est le Célibat religieux.

§ Ier. — *Le Célibat est nuisible à l'individu.*

Tout être animé obéit fatalement aux lois de sa nature : il mange, il digère ; puis il éprouve le besoin de la défécation qui est aussi obligatoire que celui de prendre des aliments ; ses reins sécrètent de l'urine, qui s'accumule dans la vessie ; et lorsque celle-ci est remplie, le besoin de l'excrétion se fait sentir, il faut y obéir.

De même pour les fonctions de l'appareil génital : elles doivent s'exécuter selon le vœu de la nature, sous peine pour l'individu de voir survenir des troubles plus ou moins graves dans cet appareil ou dans sa santé générale.

Il est vrai que, pour ce qui concerne cet ordre de fonctions chez l'Homme, la nature peut d'elle-même donner cours au produit de la sécrétion testiculaire, et cela a lieu le plus souvent pendant le sommeil. Ainsi est évitée la rétention forcée du fluide spermatique dans ses canaux et réservoir. Bien plus, dans les cas où il ne se produit pas de pollutions spontanées, le sperme sécrété repasse, par un travail de résorption, dans le torrent circulatoire ; mais alors, disons-le, le feu de la concupiscence ne s'en montre souvent que plus ardent et le combat entre la volonté de résistance et l'aiguillon des sens n'en devient que plus dangereux.

Il se peut qu'une forte contention d'esprit, des exercices corporels fatigants, des principes religieux sévères, affaiblissent l'instinct génésique pour un temps indéterminé ; mais tôt ou tard, en général, la nature reprend ses droits. La réplétion des canaux spermatiques, la résorption du fluide qu'ils contiennent, agissent comme une sorte de ferment, qui imprime à l'individu une vie, une vivacité et même une odeur toute particulière qui trouble le calme habituel de son âme.

Zimmermann dit que les effets de l'abondance de la liqueur séminale ressemblent à ceux de son épuisement ; mais cela ne peut avoir lieu qu'après de longues années de continence, alors que la constitution tout entière s'engage dans la lutte.

On a prétendu qu'en Angleterre, sur vingt personnes qu'un *tœdium vitæ* portait au suicide, plus de la moitié se composait de célibataires. Ceux-ci, au surplus — c'est une remarque qui a été faite partout, — payent à la mort un impôt proportionnellement plus fort que les hommes mariés.

D'après les statistiques les mieux établies, il résulte que parmi les célibataires de 25 à 45 ans la mortalité est de 28 pour 100, dans un laps de temps donné, tandis que parmi les hommes mariés du même âge elle n'est que de 18 pour 100. A 60 ans, sur un nombre de 100, il ne reste en vie que 22 célibataires contre 48 hommes mariés.

Les registres de décès de plusieurs capitales montrent que sur 100 suicides on compte 67 célibataires Quant aux statistiques criminelles, il y a 62 célibataires sur 100 prévenus

Baglivi affirme que, toutes circonstances égales d'ailleurs, les maladies des personnes chastes prennent un caractère plus grave que celles des personnes mariées. Nous n'avons pas observé des faits qui confirment à nos yeux cette dernière proposition, bien que nous soyons depuis plus de 30 ans médecin d'un établissement hospitalier exclusivement destiné aux prêtres. Il est vrai que les pensionnaires ont généralement atteint l'âge où les fonctions spermatiques sont bien affaiblies. J'ajouterai cependant que j'ai vu un prêtre dont la chasteté était absolue et qui, ayant eu à lutter toute sa vie, a fini par mourir lentement d'une éruption générale chronique d'exzéma et de pustules.

Bien que les Femmes ne sécrètent pas de liqueur séminale, les rapports sexuels ne laissent pas de les débarrasser d'un excès de fluides propre à faire taire les impulsions de l'instinct génésique. Elles ressentent, dans le Célibat, de plus nombreuses indispositions que l'Homme, à cause de la complexité de leur appareil génital, et surtout de leur plus grande impressionnabilité. Ces indispositions, ou plutôt ces maladies, consistent dans l'irrégularité ou la suspension des menstrues, dans les flueurs blanches, le cancer de matrice, les maux de nerfs, la chlorose, etc., sans compter l'hystérie, la nymphomanie, auxquelles nous consacrons plus loin un article spécial.

On prétend que peu de filles parviennent à un état avancé. Hippocrate, après avoir parlé des maladies auxquelles les vierges sont sujettes, leur recommande de se marier le plus tôt possible. Mais la vérité est qu'on a beaucoup exagéré la gravité et la fréquence des troubles occasionnés chez les Femmes célibataires par la privation des jouissances des sens ; si l'on disait des jouissances platoniques, on aurait plutôt raison, car la Femme vierge souffre, non pas de sa chasteté, qu'elle supporte mieux que l'Homme, mais de ne pas aimer ou de n'être pas aimée, surtout si l'amour divin n'occupe pas dans son cœur la place du sentiment génésique.

## § 2. — *Le Célibat est nuisible à la morale et à la santé.*

Arrivé à l'âge nubile, l'Homme est attiré vers la Femme par un penchant irrésistible. Il n'y a d'exceptions à cette loi que parmi les célibataires religieux dont l'esprit est fortement tendu vers l'étude des dogmes de la religion.

Donc, quand, vivant dans le monde, l'Homme ne contracte pas mariage, c'est qu'il est mû par un esprit d'égoïsme ou par un système de conduite immorale. Ce sont ces deux considérations qui, chez les Hébreux, ont fait regarder le Célibat et la Stérilité comme une sorte d'opprobre.

L'abandon du Mariage est un signe de démoralisation. L'institution courait les plus grands périls chez les Romains, lorsque Auguste, dans sa vieillesse, fit une série de lois pour la remettre en honneur. Il était trop tard: le peuple était corrompu, et la décadence commençait.

Montesquieu a dit : « Moins il y a de gens mariés et moins il y a de fidélité dans les Mariages. » Le Célibat et donc un danger pour les mœurs.

Au point de vue social, le Célibat n'a pas de moins grands inconvénients. Marc (*Dict. des Sc. méd.*) nous dit que sur 100 célibataires mâles, il en est 10 au plus dont le congrès soit fécond. La stérilité des Femmes célibataires est bien plus grande encore. Or, si l'on porte ordinairement le nombre d'enfants qui naissent dans la règle par mariage à celui de 4, il en résultera que, dans un espace de 25 à 30 années, durée commune de la fécondité féminine.

100 célibataires auront frustré la société de 360 citoyens. Est-il guerre meurtrière, ajoute l'auteur, dont les résultats, funestes pour la population, puissent être comparés à celui-ci ?

Ce n'est pas tout, l'éloignement des Hommes pour l'union conjugale favorise les Mariages tardifs et les unions disproportionnées d'âge. Or, les premiers sont très-souvent stériles et les seconds produisent des fruits de moins bonne qualité, ainsi que nous le verrons en parlant du Mariage entre jeune Femme et vieil Homme.

Le Célibat provoque l'Homme et la Femme à l'onanisme ; il est une cause puissante du satyriasis et de priapisme chez le premier, de l'hystérie et de la nymphomanie chez la seconde. — Consacrons quelques lignes à ces habitudes vicieuses et à ces états morbides.

*Onanisme.* — C'est l'excitation des organes génitaux et la recherche de la sensation vénérienne en dehors des rapports normaux. Ce nom est formé de celui d'Onan, personnage biblique à qui est attribuée cette habitude vicieuse. L'Onanisme est assez commun chez les enfants et les adolescents de l'un et l'autre sexe, surtout dans les pensions ; il n'est pas étranger aux adultes, principalement chez ceux qui ont peu de goût pour le mariage. Il produit des effets pernicieux, non pas tant par la perte du fluide séminal, qui n'existe d'ailleurs pas chez les enfants et les Femmes, que par l'excitation nerveuse spéciale, l'éréthisme et l'irritation des organes génitaux qu'il entretient et qui troublent plus ou moins profondément les fonctions nutritives et les fonctions nerveuses normales.

L'Onanisme produit la maigreur générale, malgré la persistance de l'appétit, la pâleur de la face, avec une sorte de cercle bleuâtre autour des yeux, l'altération des traits, la susceptibilité nerveuse, la paresse intellectuelle, l'inaptitude au travail, un penchant à la mélancolie, à la dissimulation, la recherche de la solitude, une expression de la physionomie particulière, une sorte de propension à fuir les regards des autres hommes.

Ce n'est pas tout : plus tard l'Onanisme détermine chez les Hommes adultes la *Spermatorrhée* (V. ce mot.), des pollutions nocturnes et même diurnes avec tous les accidents qui les accompagnent. Cependant on a exagéré les conséquences funestes de cette honteuse habitude : elle est si commune, en effet, que, si l'on avait dit vrai, les générations seraient en pleine décadence, au double point de vue de la santé individuelle et de la Fécondité en général.

Néanmoins, les effets de l'Onanisme n'en sont pas moins fâcheux sur l'état physique et moral des enfants, et même des adultes. Pour citer un seul exemple, le poëte Malfilâtre est mort épuisé et victime des plus tristes caprices de la passion solitaire.

« Il a raconté à un de ses amis, dans les dernières circonstances de sa vie, qu'il ne manquait jamais d'aller le dimanche, le lundi et le jeudi aux jolies fêtes du Ranelagh, à Passy ; que là il recueillait avec avidité les plus gracieux types féminins qu'il pouvait remarquer, qu'il en analysait les perfections en poëte d'une imagination antique, puis, qu'en les rassemblant, il en composait un être idéal avec lequel toutes ses forces s'épuisaient. C'était une hallucination qui n'avait de terme que dans l'extrême syncope. Malfilâtre a reconnu que la manie qui causait sa mort était plus puissante que sa volonté. » (H. Fournier.)

Les masturbateurs doivent être soumis à une surveillance incessante ; il faut les fatiguer le jour par des exercices corporels et les faire sortir du lit de bonne heure. Les voyages, la chasse, les bains froids, les distractions sont des moyens qu'il ne faut pas négliger. On est obligé quelquefois, chez certains enfants et aliénés, d'employer la camisole, des bandages, qui soustraient les organes génitaux à toute possibilité d'attouchement ; mais les coupables savent éluder ces obstacles, d'autant que leurs organes sont tellement excitables que le moindre frottement des vêtements réveille les sensations voluptueuses qu'ils recherchent.

Chez le sexe féminin, l'Onanisme n'est autre chose que ce que nous venons d'exposer. Le petit enfant, la jeune fille, la femme adulte contractent très-souvent l'habitude de se *toucher*, de se frotter les parties externes de la génération (le clitoris est le siége special de ces attouchements) pour se procurer des plaisirs voluptueux.

Ils sont déjà illicites et contraires aux vœux de la nature, ces plaisirs, mais ils revêtent un caractère ignoble, crapuleux, lorsque la Femme recherche la Femme et l'excite à pratiquer l'Onanisme à deux par le moyen de frictions mutuelles dont la seule pensée révolte l'imagination et le cœur de ceux chez qui la morale n'a pas perdu tous ses droits.

On donne à ces femmes débauchées le nom de *Tribades*.

Le vice de la *Tribadie* était beaucoup plus fréquent autrefois qu'aujourd'hui. Il se rencontre principalement chez les Femmes dont le clitoris est très-développé et qui font de cet organe un usage comparable à celui du pénis chez l'Homme.

Ces sortes de Femmes-Hommes ont des passions d'un genre particulier ; elles ont des maîtresses dont elles se montrent très-jalouses.

Le point de départ du vice dont nous parlons est

souvent dans les premières habitudes de l'Onanisme, qui développent peu à peu le clitoris.

Cet organe est donc en même temps le siége et l'agent provocateur des jouissances voluptueuses illicites; cela est si vrai, que son amputation peut ramener la femmes à ses instincts naturels.

Lucien, Juvénal, Célius Aurélianus, racontent plusieurs histoires de Tribades, de ces femmes licencieuses et sans moralité qu'ils appellent encore *titilleuses*, *frotteuses*, *gratteuses*. Une des plus originales est la suivante :

« Un proconsul marié à une femme à long clitoris, dont la stérilité et l'indifférence à ses caresses le désespéraient, la surprit un jour, dans un appartement retiré de la maison, toute nue et jouant à l'Homme avec ses esclaves femelles, également nues. Le Romain furieux enfonça la porte, saisit sa femme, et du tranchant de son poignard lui abattit le clitoris. — De ce moment la tribade perdit complétement ses goûts contre-nature, redevint Femme aima son mari et lui donna plusieurs enfants. »

Nous ne garantissons pas l'authenticité du fait. Malgré le côté moral du résultat final, c'est avec regret que nous le rapportons, car ce sont de ces histoires, — peut-être de ces contes, — qui agitent et troublent les sens plus qu'ils ne procurent d'instruction et n'inspirent de sagesse.

SATYRIASIS. — On donne ce nóm au penchant dominateur, irrésistible, presque insatiable, chez l'Homme, à exercer l'acte vénérien, avec érection presque continuelle. Ce penchant est ce qui distingue cet état du Priapisme, lequel ne s'accompagne pas d'un désir prononcé du rapprochement sexuel. Toutefois, les deux dénominations sont souvent employées comme synonymes.

Quoi qu'il en soit, le Satyriasis est pour l'Homme ce qu'est la Nymphomanie pour la Femme : c'est, au fond, la manifestation d'une disposition très-prononcée à l'acte copulateur. Cet état — certainement maladif — résulte souvent d'une continence trop rigoureuse, ou bien de l'ingestion de substances aphrodisiaques ; quelquefois, enfin, il se rattache comme symptôme à une affection cérébrale.

Le Satyriasis s'accompagne ordinairement d'accès de délire érotique, qui se calment et reviennent spontanément ou sous l'influence de la moindre circonstance excitante ; souvent il aboutit à la manie et même à la démence.

Cette affection est très-rare chez les Hommes qui vivent dans le mariage : cela se conçoit. Elle ne frappe guère que les célibataires, surtout ceux qui, épuisés prématurément, ont recours aux aphrodisiaques violents dans le but de se procurer comme un regain de puissance virile. Hélas ! certains

Hommes mariés ne sont pas exempts de ce fâcheux préjugé qui veut qu'ils se montrent jouteurs intrépides ; on en voit donc qui, usant imprudemment des cantharides, sont portés à l'accomplissement de l'acte vénérien avec une sorte de fureur et à le répéter jusqu'à production des plus graves désordres inflammatoires du côté des organes génito-urinaires.

Le Satyriasis doit être traité par les bains, les boissons émollientes ou tempérantes, la saignée, les lotions froides, les bains de mer, les distractions, et surtout par l'éloignement de la cause, si elle est connue.

Le mariage serait conseillé au célibataire satyriasique si celui-ci était reconnu par les hommes compétents exempt de toute atteinte du côté des facultés morales et intellectuelles. Les anaphrodisiaques, tels que les gattilier, le nénuphar, la verveine, etc., seraient sans effet.

Priapisme. — C'est un état particulier de l'économie dans lequel il y a érection continuelle de la verge avec sentiment d'ardeur brûlante, sans désir de l'acte vénérien. Ce dernier trait marque la différence qui existe entre cette affection et le Satyriasis dont il vient d'être parlé. Le Priapisme diffère encore du Satyriasis en ce qu'il n'est jamais idiopathique, c'est à-dire indépendant de toute maladie préexistante; toujours il se montre symptomatique, soit d'une inflammation du pénis ou de quelque organe environnant, soit d'une action toxique due à l'ingestion des cantharides.

Le Priapisme est donc une affection locale; comme tel, il est plus facile à guérir que le Satyriasis, qui dépend presque toujours d'une altération cérébrale et constitue une sorte de monomanie, l'*Erotomanie*. (V. ce mot.)

Hystérie. — Maladie propre au sexe féminin, caractérisée par des troubles complexes du système nerveux de la vie de relation et de la vie organique, depuis les plus légers spasmes, les vapeurs, idées tristes, pleurs ou rires sans sujet, jusqu'aux convulsions cloniques revenant sous forme d'attaques périodiques, et jusqu'à la paralysie plus ou moins étendue du sentiment et du mouvement. C'est un état maladif tout à fait protéiforme Certaines impatiences, les agacements de nerfs, les bizarreries de caractère, les palpitations, les spasmes, l'extase, etc., en sont les formes adoucies.

L'Hystérie est souvent annoncée, dans ses attaques, par la sensation d'une boule qui part de la région utérine pour se porter à la gorge, en s'accompagnant de constriction à la poitrine et à l'épigastre.

Comment décrire, en quelques lignes, les symptômes multiformes de l'Hystérie? Cela est impossible. Contentons-nous de dire que la maladie se montre sous deux formes principales assez distinctes : la forme essentiellement nerveuse, celle à laquelle se rapporte ce qui vient d'être dit, et la forme convulsive proprement dite.

Dans cette dernière, les attaques sont annoncées plus spécialement par la céphalalgie, les éblouissements, les mouvements involontaires du globe de l'œil et des paupières, le trouble de la vue, les tintements d'oreilles, les propos incohérents, les cris, les pleurs sans motif, les éructations, des contractions musculaires douloureuses ; puis chute par terre précédée ou accompagnée d'un cri, tuméfaction de la face, suffocation et étranglement, déglutition impossible, renversement du corps en arrière, parfois immobilité cataleptique, etc.

L'attaque se termine au bout d'un quart d'heure ou d'une demi-heure, plus ou moins, soit par des éructations, des pandiculations, soit par un état syncopal, laissant après elle une grande fatigue, de l'anesthésie (paralysie du sentiment) plus ou moins étendue.

L'Hystérie reconnaît pour causes : d'abord le tempérament nerveux, et l'époque de la puberté, qui ne sont que des prédispositions, puis certains troubles ou excitations des sensations génésiques, la privation des jouissances vénériennes lorsqu'elles ont été goûtées. Au point de vue platonique, des sentiments d'amour déçus, des chagrins domestiques, etc., peuvent aussi produire la maladie.

Quant au traitement, ce sont les voyages et les distractions, les antispasmodiques (valériane, assafœtida, etc.), les calmants et les opiacés (opium, sirop de morphine), les bains de mer, etc., qu'il faut conseiller. Le mariage, quand surtout le futur est aimé, devient le meilleur remède à l'hystérie de forme vaporeuse, hypochondriaque ou même convulsive. Mais s'il est contracté dans des conditions opposées, le mariage ne peut qu'aggraver la maladie : car combien de jeunes filles qui, sacrifiées à des vieillards, passent par tous les degrés des troubles nerveux appartenant à l'Hystérie !

Dans aucun cas, d'ailleurs, il ne faudrait songer à marier la personne dont l'état moral et l'intelligence seraient lésés.

Nymphomanie. — Erotomanie. — Ces expressions s'appliquent au délire érotique, la première au délire de la Femme, la seconde au trouble du sens génésique sans distinction de sexe. Expliquons-nous.

La *Nymphomanie* est une forme particulière de monomanie chez la Femme, ayant pour caractère un penchant violent, irrésistible, à l'acte vénérien, et se manifestant par des gestes et des propos obscènes.

L'*Érotomanie* serait, suivant certains auteurs, un délire amoureux sans appétits physiques. Mais ce genre de folie platonique existe-t-il ? Nous ne le pensons pas. Les érotomanes sont tout simplement des aliénés chez lesquels les appétits sexuels, quoique très-développés, ne le sont pas assez pour les entraîner à des actes obscènes. L'Érotomanie n'est pas une forme, mais un degré dans les troubles nervoso-érotiques qui se rencontrent dans la Nymphomanie, le Priapisme et le Satyriasis.

La Nymphomanie, encore appelée *Fureur utérine*, présente trois degrés : dans le premier, il n'existe qu'une disposition à cette maladie; le spasme de l'utérus, encore peu prononcé, ne réagit que faiblement sur les facultés intellectuelles.

Dans le second degré, le désordre physique l'emporte sur la volonté qui est obsédée par les écarts d'une imagination qui retrace les images les plus voluptueuses. Cependant, sur tous les autres sujets, le jugement et la raison conservent leur empire.

Le troisième degré est caractérisé par un trouble des organes génitaux tel qu'il réagit sur le cerveau au point de déterminer une aliénation complète, une sorte de délire exclusif relatif aux rapports sexuels.

L'affection a une marche tantôt lente, tantôt soudaine, avec rémissions durant lesquelles la malade s'efforce de repousser les incitations organiques. Elle conserve encore un reste de pudeur; mais sa volonté et sa raison finissent par succomber, et alors, dégagée de tout frein, elle se livre sans réserve à toute l'ardeur de son imagination et de ses sens, recherchant et provoquant aux lectures et aux conversations obscènes. A la vue d'un Homme, tout son être s'agite, ses yeux sont étincelants, un feu dévorant semble la consumer, et elle provoque cet homme, — quel qu'il soit, — par ses regards, ses attitudes libidineuses, à satisfaire ses désirs. S'il résiste, elle a recours aux menaces et même aux actes de violence. Le délire est à son comble. Mauget parle d'une jeune fille noble et très-honnête, qui, en proie à la Nymphomanie, *homines et canes ipsos ad congressum provocabat.*

L'Hystérie s'allie souvent à la Fureur utérine. On peut en dire autant de la mélancolie avec penchant au suicide : « Mlle L., née dans l'aisance, fut élevée dans les principes religieux les plus rigides;

à l'âge de 16 ans, elle devint nymphomane et se fit prostituer *gratis*. Deux ans après, de désespoir, elle mit un terme à son existence. » (*Dict. des sc. méd.*)

Le siége de la maladie est primitivement dans l'appareil génital, et sa nature consiste en des désordres inflammatoires ; du moins c'est ce qui a été constaté le plus souvent. « Une jeune fille, déjà nubile et menant une vie désœuvrée, conçut, contre le gré de ses parents, une inclination. Bientôt elle passe les nuits dans des songes pénibles, vocifère le jour et tient des propos lascifs et décousus, au point de paraître aliénée. A la vue des hommes, elle se précipitait sur eux et les suppliait de se livrer avec elle aux assauts amoureux. Une fièvre continue se déclara et elle mourut. Tous les viscères étaient sains, excepté l'utérus, dont l'inflammation s'étendait jusqu'aux trompes et aux ovaires. »

L'*Erotomanie*, répétons-le, diffère de la Nymphomanie en ce qu'elle a son point de départ, non dans l'utérus et ses annexes, mais dans les fonctions cérébrales. L'imagination seule est lésée dans cette maladie. L'érotomane ne raisonne nullement son culte; il ne tient aucun compte de la différence de fortune, de rang : sa passion l'entraîne, lui enlève le libre arbitre jusqu'à lui faire commettre des actes justiciables des tribunaux. Ferraud, âgé de 18 ans, éperdument épris d'une jeune fille, qu'il ne pouvait épouser à cause de la volonté contraire de ses parents, résolut de mourir avec son amante, qui y consentit. Ils se rendirent ensemble à la campagne, et, sur son ordre, il l'acheva avec un couteau-poignard, après lui avoir tiré deux coups de pistolet dans la tête. L'autopsie démontra qu'elle était encore vierge. Ferraud ne put parvenir à s'ôter la vie après ce crime. Traduit devant les assises à Versailles, il fut acquitté le 18 mars 1838.

## § 3. — *Célibat ecclésiastique.*

Voici une question qui soulève bien des controverses. Le monde voit dans le Célibat religieux une atteinte grave portée aux lois de la nature et une source de maux pour ceux qui en font vœu.

Quand on considère que tous les êtres vivants, les Végétaux aussi bien que les Animaux, obéissent à l'attraction d'amour sexuel, on est enclin à répéter avec Montaigne : « Qu'a donc fait aux Hommes l'action génitale, si naturelle et si nécessaire, pour la proscrire et la fuir, pour n'oser en parler sans vergogne et pour l'exclure des conversations ? On prononce hardiment les mots tuer, voler, trahir, commettre un adultère, etc., et l'acte qui donne la vie à un être, on n'ose le prononcer! O fausse chasteté! ô honte, hypocrisie! »

L'auteur de ces paroles se trompe. Ce n'est ni par fausse chasteté, ni par hypocrisie, que la si grande réserve qu'il blâme est gardée. L'instinct de reproduction et les ardeurs de la jeunesse, toujours prêts à déborder, ne doivent pas être surexcités par des conversations qui n'auraient aucune utilité, à moins qu'elles ne fussent basées sur un besoin respectueux d'éducation physiologique et d'admiration pour les œuvres du Créateur. « Le pouvoir générateur, a dit avec éloquence le P. Monsabré, dans une de ses conférences à Notre-Dame, le pouvoir générateur, dont il ne faudrait parler qu'avec le plus profond respect, est le trait suprême de la beauté physique du corps humain. »

Nous n'avons pas à apprécier les motifs qui ont fait imposer le célibat aux Hommes et aux Femmes qui s'engagent dans les ordres religieux, et nous ne dirons pas non plus qu'il semble que l'instinct qui porte les sexes à s'unir profane à leurs yeux le caractère religieux. Mais ce que nous croyons pouvoir affirmer, c'est qu'en général on a beaucoup exagéré les dangers de la continence, et que celle-ci, en ce qui concerne les prêtres catholiques par exemple, est mieux observée, supportée avec plus de force et de vertu que ne le croit le monde. Et puis, ceux qui vivent dans le mariage, ceux surtout qui n'y trouvent pas toutes les jouissances et en recherchent de toujours nouvelles, sont-ils compétents pour juger pareille question ?

Il fut un temps, sans doute, où, par suite d'une ferveur religieuse dégénérée en fanatisme ou par de vils motifs d'intérêts de familles, les cadets de celles-ci étaient voués, dès leur berceau, à la vie monastique. Assurément, ce n'était pas là le moyen de faire des prêtres ayant une véritable vocation : aussi le pape Clément III s'éleva-t-il contre ces mœurs et coutumes.

D'un autre côté, il est certain qu'un grand nombre d'Hommes et de Femmes, doués d'un tempérament ardent, ont embrassé la vie monastique par suite de déception ou de fanatisme, et succombent dans une lutte de chaque jour. Bien des individus des deux sexes, dans nos couvents, paient encore de leur vie une abstinence dont ils ignoraient les dangers au moment de faire leurs vœux et qui est devenue impossible à leur tempérament.

La privation des rapports sexuels, soit que le physique en souffre plus que le moral ou réciproquement, peut troubler l'esprit, surexciter les sens, réagir sur les facultés morales et intellectuelles, faire naître des hallucinations érotiques, toutes sortes de désordres de l'imagination et finalement conduire à la folie, à l'état convulsionnaire et même à la mort.

Mais il n'est pas moins vrai d'autre part qu'à notre époque, la grande majorité des Hommes et des Femmes engagés dans les ordres ou les vœux religieux soutiennent avec courage et non sans succès les combats que leur livrent les sens. Qu'ils y réfléchissent un instant, messieurs les amateurs de plaisirs illicites et de liberté licencieuse, ils comprendront bien vite qu'il est tout simple, tout naturel qu'il en soit ainsi.

En effet, comment se recrute le Clergé ? Parmi ces pauvres enfants de la campagne qui, montrant le plus de dispositions pour apprendre et se bien conduire, sont remarqués du curé, lequel s'en occupe particulièrement, leur apprend à servir la messe, leur met dans les mains des livres de piété et plus tard les fait entrer au petit séminaire. Ces enfants grandissent ainsi dans un milieu tout spécial qui ne ressemble en rien à celui où s'agite le monde. Certes, l'aiguillon de l'instinct génital n'est pas sans se faire sentir quelquefois ; mais quoi ! la prière, les exercices religieux, les études de latinité, plus tard l'interprétation des dogmes de la religion ne leur laissent pas le temps, pour ainsi dire, d'y être sensibles.

D'ailleurs, physiologiquement parlant, ne sait-on

pas que l'activité des organes s'émousse lorsqu'elle n'est pas mise en exercice ? Ces jeunes gens ne sont donc pas aussi tourmentés qu'on le pense par les idées d'amour et la révolte des sens ?

Quand ils sont prêtres et qu'ils ont charge d'âmes, c'est alors, pour eux, le temps le plus difficile : le contact du monde, les révélations du confessionnal, assaillent leurs sens et leur cœur de provocations qui sont d'autant plus terribles qu'ils sont à l'âge où l'instinct génésique est à sa plus haute puissance. Et pourtant ils restent fermes ; d'ailleurs, des nécessités de situation et la crainte du scandale, indépendamment de leurs occupations sérieuses et multipliées, maintiennent dans le devoir ceux qui ont le malheur de n'être pas retenus par une foi sincère.

Sans doute quelques-uns, plusieurs si l'on veut, succombent (a-t-on prétendu jamais qu'il n'y avait pas de mauvais prêtres), mais, encore une fois, l'immense majorité résiste. Il est même des sujets, à tempérament ardent, qui en meurent. Est-ce bien, est-ce mal, est-ce logique ou absurde, est-ce là ce qui est le plus agréable à Dieu ? Nous n'avons pas à nous prononcer sur ce point : nous constatons, voilà tout.

Ajoutons ceci : le temps des épreuves n'a d'ailleurs qu'une durée limitée ; les fonctions de l'appareil génital ne sont pas de nécessité pour l'intégrité des autres; et puis, ces fonctions ne se donnent-elles pas satisfaction d'elles-mêmes et malgré la volonté de l'individu, par des émissions, plus ou moins fréquentes, de la liqueur séminale? Ajoutons encore que le défaut d'exercice, les années aidant, fait entrer prématurément les organes sensuels dans une espèce de sommeil dont ils ne sortent plus.

Rappelons enfin que l'âge requis pour entrer dans les ordres de la prêtrise est fixé à 24 ans; qu'à cette période de la vie on peut déjà déterminer si l'accord entre le physique et le moral est assez solidement établi pour obéir à la vocation que l'on croit avoir. Très-souvent, hélas! cette prétendue connaissance de soi-même est trompeuse, car l'énergie des organes se réveille souvent terrible plus tard. Aussi les lois de Charlemagne avaient-elles établi l'âge de 40 ans pour les Hommes et 32 pour les Femmes. Avant ce grand législateur, saint Léon ne voulut pas que les filles prissent le voile avant 40 ans. C'est à 20 ans que, de nos jours, elles sont admises à faire leurs vœux.

« Il est constant, selon nous, dit le Dr Al. Mayer, que le commerce des sexes ne constitue pas un besoin qui ne puisse être refréné sans péril, et que les sollicitations si vives qui partent du sens génital n'ont pour but que d'assurer la perpétuité de l'espèce par l'attrait du plaisir. »

« Celui qui caresse des idées lubriques, dit le même auteur, ou qui se plaît à la contemplation d'images capables de surexciter le sens génital, celui-là sécrétera de la liqueur séminale en grande quantité.

« Au contraire, celui dont l'esprit sera tendu vers des objets sérieux, qui concentrera, par exemple, ses facultés intellectuelles sur des études abstraites, celui-là fournira, dans un temps donné, une quantité de sperme bien moins considérable que le premier. Celui-ci sera libre de toutes suggestions de la part des organes génitaux, celui-là en sera obsédé, tyrannisé. »

La continence rigoureusement observée, nous l'avons dit, peut entraîner des maladies extrêmement graves et peut conduire à la mort. Dans ces cas, heureusement rares, le mariage est conseillé aux personnes libres de s'y engager, et les médecins considèrent qu'il est de leur devoir de déclarer à celles qui veulent rester dans le Célibat, que donner satisfaction aux fonctions de génération constitue le seul moyen de les sauver.

Toutefois, le conseil est délicat vis-à-vis du prêtre. Burdach cite l'exemple « d'un jeune ecclésiastique, rigide observateur de ses vœux et dont les lectures ascétiques avaient achevé de troubler l'intelligence, qui tomba dans la mélancolie, prit en horreur les Hommes et lui-même, et entra plus d'une fois dans des accès de fureur ; après avoir suspendu l'effet d'une pollution nocturne, il eut des visions de Femmes entourées d'une auréole électrique ; bientôt il se crut possédé du diable, s'imagina être Achille, Alexandre, Henri IV, et ne recouvra la santé qu'après l'accomplissement de l'acte vénérien. »

Certes ! voilà un cas où, au point de vue médical, et abstraction faite de toute doctrine philosophique, on a eu raison de faire violence au précepte que nous recommandons, d'user avant tout des ressources médicatrices que fournit le culte de la morale, des sciences, de l'hygiène.

Un médecin casuiste, le père Debreyne, a proposé les moyens suivants : « Si ces sortes de pensées (les pensées *déshonnêtes*), devenues très-importunes, sont le produit d'une imagination légère et mobile, ou de certains souvenirs qui se retracent vivement dans la mémoire, on s'appliquera à y faire diversion en forçant l'esprit par quelque travail intellectuel sérieux, appliquant, ou un calcul difficile et compliqué qui absorbe toute l'attention, etc. . Si les mauvaises pensées proviennent d'un tempérament érotique ou d'une pléthore spermatique, les meilleurs moyens seront ceux tirés de l'hygiène physique et morale ; la pratique de la tempérance, d'une exacte sobriété, le travail manuel, l'exercice corporel, une occupation matérielle ou mécanique incessante, la fatigue, quelquefois même la chasse, qui, dans certains cas, a produit les meilleurs et les plus étonnants effets. Diane, comme on sait, est l'ennemie née et naturelle de Vénus. Un exercice violent étouffe les sentiments érotiques, en faisant naître des sensations plus impérieuses encore, comme une faim excessive, avec une propension irrésistible au repos physique. »

# CHAPITRE HUITIÈME

## LE MARIAGE

Les jurisconsultes français définissent le Mariage : « La société de l'Homme et de la Femme qui s'unissent pour perpétuer leur espèce, pour s'aider par des secours mutuels à porter le poids de la vie et pour partager leur commune destinée. » (Portalis.)

Il résulte de cette définition que la propagation de l'espèce n'est pas l'unique but de l'union conjugale.

Elle ne lui est même pas essentielle, puisqu'un Mariage peut être valide alors même qu'il est contracté dans des conditions qui ne laissent aux époux aucune espérance d'avoir une postérité. Tel est, par exemple, le Mariage *in extremis*, celui qui est célébré à l'article de la mort de l'une des parties, dans le but de réhabiliter l'honneur d'une Femme ou d'effacer la tache de la naissance d'un enfant naturel en le légitimant.

La question du Mariage a des aspects extrêmement nombreux. Il n'est pas de notre dessein d'en examiner toutes les faces de dire, par exemple, en quoi il consistait chez les divers peuples, aux diverses époques, ni de quelles cérémonies ou coutumes il était accompagné. Qu'il nous suffise d'ajouter que toutes les nations l'ont honoré et célébré, même celles qui admettaient la polygamie et le concubinat, comme chez les anciens peuples; chez eux aussi, le Mariage était une affaire de famille à laquelle le prêtre ne se mêlait point.

Les Grecs firent de l'union conjugale le plus implacable absolutisme du maître et seigneur sur l'esclave. La Femme gouvernait la maison sous les ordres de son époux, qui considérait cette union au seul point de vue de la reproduction, sans redouter d'avoir au logis une Femme sotte, puisqu'il était assuré d'en trouver de fort instruites et intelligentes au dehors.

Démosthènes, un jour, en pleine tribune, résuma les attributions des Femmes : « Nous avons, dit-il, des Hétaïres pour la volupté de l'âme, des Pallaques pour la volupté des sens, des Femmes légitimes pour nous donner des enfants et garder nos maisons. »

A Rome, le Mariage était exclusivement propre aux citoyens ou à ceux à qui le *connubium* avait été concédé. Le mariage entre individus de castes différentes était prohibé. « Pas de mélange du sang patricien avec le sang plébéien, dit Ortolan : la loi Canubia fait tomber cette barrière (445 av. J.-C.). Pas de mélange du sang ingénu avec le sang affranchi : la loi Papia Poppœa lève celle-ci (9 de J-.C.). Pas de mélange du sang sénatorial avec le sang affranchi ou abject : les constitutions de Justinien renversent celle-là, et le prince, pour que rien ne manque à son exemple, donne à ses sujets une impératrice à qui l'on peut rappeler les exercices du cirque et ceux de l'*embolium*. »

Mais un point reste encore obscur, c'est de savoir en quoi exactement consistait le Mariage romain. On sait seulement qu'une immense puissance était dévolue au père de famille : l'épouse, devenue mère, elle pourtant qui est certaine, tandis que le père est toujours incertain, était dépouillée de tout droit sur ses enfants, quelle que fût sa position, mère de famille, matrone épousée en justes noces, concubine ou prostituée.

Le Christianisme transforma les mœurs en les épurant. Le catholicisme fit du Mariage un sacrement institué par Jésus-Christ, ou, pour mieux dire, par ses Apôtres et les Conciles ; saint Paul en parle le premier : dans sa 5e épître aux Ephésiens, il appelle le Mariage « un grand mystère ; » il y voit le symbole de l'union du Christ avec l'Église. Après lui, tous les Pères et les Conciles ont décidé que le Christ avait sanctifié le Mariage et lui avait destiné une grâce particulière (4e Concile de Carthage, an 398).

D'autres Pères de l'Église, saint Ambroise, saint Augustin, par exemple, ont conclu à l'indissolubilité du Mariage chrétien, en même temps qu'à la nullité de toute union contractée hors de l'Église.

Luther et Calvin considèrent le Mariage comme une chose mondaine qui doit être traitée comme une affaire de ce monde. Pour les protestants, le Mariage n'est pas un sacrement; néanmoins, ils le célèbrent avec des cérémonies religieuses.

Au moyen âge, les Mariages se célébraient ordinairement à la porte de l'église. C'est du moins ce que tend à prouver une disposition testamentaire de l'an 1397, par laquelle, Pernelle, femme du célèbre chimiste Nicolas Flamel, lègue une rente de deux sous six deniers tournois « à chacune des cinq pauvres personnes qui ont accoutumé de seoir et demander l'aumône au portail où l'on épouse les mariées à l'église Saint-Jacques. »

Les seigneurs avaient introduit dans les Mariages une multitude de coutumes qui avaient toutes pour but de constater leur pouvoir sur leurs vassaux. Presque partout les nouveaux mariés leur payaient un droit appelé *marquette*. Que ce droit consistât en mets de mariage ou prestation de viande à ceux que le seigneur envoyait pour assister en son nom à la cérémonie, ou en toute autre redevance, il n'est pas permis d'en douter d'après les documents qui nous viennent des historiens; mais quant au droit de *jambage*, de *cuissage* ou autre de même espèce, il a été nié en tant qu'exercé dans le forme cynique qu'on lui attribue. C'était plutôt, au dire de quelques-uns, une menace des seigneurs pour exiger des dons plus considérables des mariés.

Le Clergé imagina de forcer les époux à s'abstenir des plaisirs charnels jusqu'à ce qu'ils eussent payé certaines redevances, et cela est prouvé par un arrêt du Parlement de Paris (1409), défendant à l'évêque et aux curés de cette ville d'exiger aucun droit des nouveaux mariés.

Tout cela était, on peut dire, de l'essence de la féodalité, époque assurément pleine d'abus criants. Mais faut-il dire avec un philosophe moderne, au sujet du droit de jambage : « Je ne sais pas, mais je suis sûr. »

Sans doute, qaund on connaît les Hommes et leurs instincts pervers, il est naturel de conclure à l'existence de ce droit monstrueux, surtout lorsqu'on lit dans la coutume de Mesnil-les-Heslin ceci : « Se aulcuns se conjoindent par mariage... Voulent couchier la première nuit de leurs noupces sur la dit seigneurie, le sire de noupces ne poult ou doit couchier avec sa femme et espouse la dite première nuyt sans demander congié de ce faire au dit seigneur sur peine de confiscation du lit... et de tout ce qui serait trouvé sur le dit lit. »

Le Mariage, qui était dans notre législation antérieure à 1789 un acte essentiellement religieux, fut sécularisé par les lois de la Révolution et devint un contrat uniquement civil et absolument indépendant de la bénédiction nuptiale. Toutefois, le Mariage, sous l'empire de la loi de 1816 qui a aboli le divorce, se sépare de la condition de tous les autres contrats et conserve quelque chose de la nature du sacrement : il est et demeure indissoluble quoi qu'il arrive, même alors que l'un des deux époux viole la foi conjugale.

On peut réduire à cinq les conditions requises pour être habile à contracter Mariage : 1° l'âge (18 ans révolus pour l'homme ; 15 ans révolus pour la femme) ; 2° le consentement libre ; 3° l'inexistence d'une union antérieure encore subsistante ; 4° le consentement des ascendants sous la dépendance desquels sont placés les futurs époux, qui n'ont pas : l'homme 25 ans et la femme 21 ; 5° les futurs conjoints ne doivent pas être parents ni alliés au degré prohibé par la loi. Ajoutons que le Mariage n'est valide qu'à la condition que les formalités prescrites par les articles 165 à 171 du C. C. sont strictement observées.

Le *divorce* n'est point admis, mais des causes de nullité de Mariage assez nombreuses peuvent être produites. Les unes sont absolues : comme l'impuberté des époux, l'union entre parents au degré prohibé, la bigamie ; d'autres sont relatives : tel le consentement non libre ou entaché d'erreur. L'erreur porte sur la personne même que l'on épouse ; or, sur ce point, la jurisprudence a beaucoup varié et reste encore indécise entre trois systèmes d'interprétation.

Mais c'est là un sujet qui sort du cadre que nous nous sommes tracé, ou qui doit être reporté à l'article *Divorce*.

Après les considérations dans lesquelles nous sommes entrés en traitant de la Fécondation, de l'Impuissance, de la Stérilité et du Célibat, nous n'avons plus qu'à diviser le chapitre MARIAGE de la manière suivante : 1° Devoirs des époux ; — 2° Influence du Mariage sur le physique et le moral des époux ; — 3° Mariages intempestifs et disproportionnés ; — 4° Etats maladifs qui doivent mettre obstacle au Mariage ; — 5° Mariages consanguins ; — 6° Rapports conjugaux (contrainte morale, onanisme conjugal, etc., à propos du système malthusien) ; — 7° Pouvoir de procréer à volonté des garçons ou des filles, des grands hommes (Mégalanthropogénésie), des beaux enfants (Callipédie) ; — 8° Hygiène du Mariage ; — 9° Cas de nullité de Mariage ; — 10° Divorce.

## SECTION Ire.

### DEVOIRS DES ÉPOUX.

Les époux ont des devoirs mutuels à remplir. Plutarque a écrit sur ce sujet un livre dont il nous suffit de donner l'analyse pour en faire comprendre le but moral, et l'excellence des conseils qui y sont contenus. Ce ne sont, à vrai dire, que des lieux communs que chacun devine en quelque sorte, mais ce qui est honnête et de nature à assurer la paix domestique ne saurait jamais être trop répété :

« Le Mariage, suivant Plutarque, étant l'acte de la vie le plus important, il faut y réfléchir mûrement avant de l'accomplir. Si dans les liaisons passagères on recherche autant que possible la conformité des goûts, à plus forte raison doit-on s'en préoccuper pour une union indissoluble. Tout dans le Mariage doit être commun, et surtout les idées et les principes ; aussi convient-il avant de s'unir de s'étudier mutuellement. Ulysse était plein de prudence, Pénélope de sagesse : leur union fut heureuse. On ne saurait, avant d'arrêter définitivement son choix, prendre trop de précautions et se tenir trop en garde contre les apparences. Un Romain que ses amis blâmaient d'avoir répudié une femme riche, belle et sage, leur montra son soulier en disant : Il est beau et bien fait, mais nul de vous ne voit où il me blesse.

« Une fois unis, les époux doivent se donner mutuellement l'exemple de toutes les vertus. C'est surtout le devoir du mari, qui, étant le chef de la famille, doit en être le modèle. Une sorte de pudeur, de bon goût, présidera aux relations des époux, et leurs épanchements resteront toujours secrets. Caton dégrada un sénateur pour avoir embrassé trop passionnément sa femme en présence de sa fille. Il est honteux pour des époux de se caresser devant témoins, mais il l'est encore davantage de se quereller publiquement. Pour éviter les discussions, le mari doit savoir céder au besoin ; de son côté, c'est le devoir de la femme de prendre bien garde de faire de la peine à son mari, ou même simplement de le froisser, en riant, par exemple, lorsqu'elle le voit de méchante humeur, ou en prenant un air chagrin s'il rentre gai ou joyeux. »

La confiance doit régner entre les époux ; elle est le lien moral le plus sûr de leur union : c'en est l'assise la plus solide. Si par malheur elle vient à s'affaiblir, il faut de suite recourir aux moyens de la rétablir ; et ici, de même que certains mensonges sont non-seulement permis, mais obligatoires en quelque sorte dans la bouche du médecin qui veut rassurer le malade désespéré, les époux vis-à-vis l'un de l'autre doivent user de leur éloquence la plus persuasive, fût-elle a côté de la vérité, pour faire revivre la confiance mutuelle, sans laquelle tranquillité, bonheur, s'évanouissent pour faire place au sombre soupçon, lequel finit par convertir les liens les plus doux en une chaîne odieuse.

Que de situations diverses, que de nuances à observer et qui demandent tact, esprit de conduite et de sens de la part de celui des époux à qui incombe le devoir de donner des explications !

Par exemple, pour sortir des considérations platoniques, une discussion dans le jeune ménage se termine presque toujours par un embrassement intime qui cimente la réconciliation ; hé bien, il peut arriver que le mari, encore sous l'influence de nuages accumulés dans son imagination, soit moins dispos qu'à l'ordinaire, et que le cadran de sa force virile retarde. Alors, si la femme commet l'imprudence de faire la moindre allusion à ses lenteurs, tout est perdu : quoique factice, l'impuissance masculine pourra se renouveler à de nouvelles tentatives, et raviver les causes de mésintelligence et d'antipathie.

## SECTION II.

### INFLUENCE DU MARIAGE SUR LE PHYSIQUE ET LE MORAL DES ÉPOUX.

Etant donné que l'union des sexes est une des grandes lois, — la plus impérieuse même, — de la nature, et que, de par la civilisation, le Mariage seul légitime cette union, il importe de savoir quelle influence elle exerce sur la santé générale et sur les facultés intellectuelles et morales des deux sexes.

Or, cette question a déjà reçu sa solution dans ce qui a été dit sur le Célibat.

Nous avons vu, en effet, que des personnes non mariées sont plus sujettes aux maladies et vivent moins longtemps que celles qui sont engagées dans les liens du Mariage. Les anciens savaient cela tout aussi bien que nous puisqu'ils avaient gravé sur le piédestal de la statue représentant le Mariage : « *L'Hymen retarde la vieillesse.* »

Le Mariage fait plus encore ; il répare les avaries causées à la jeunesse par des excès illicites, ou au contraire par la compression de l'indomptable instinct de progéniture. Tel jeune homme épuisé, amaigri, les yeux atones, faible et anémique à force d'avoir gaspillé ses brillantes facultés viriles, s'il vient à contracter Mariage et s'il en comprend les devoirs, récupère bientôt ses forces, sa bonne mine, sa gaieté, en un mot toute sa santé si compromise.

Telle jeune fille dont les pâles couleurs, les yeux cernés, le cœur sans cesse agité par des palpitations sans rhythme et sans régularité, vous disent qu'elle est sur le point de descendre dans la tombe, vient-elle à prendre mari, aussitôt elle se ranime, reprend ses couleurs et sa gaieté. La comparaison si souvent employée, que cette enfant est comme une fleur étiolée qui se redresse et se ranime dès qu'on l'arrose, est juste au sens physique qu'on lui attribue ; mais il faut tenir compte aussi de l'influence favorable que tout son organisme reçoit du sentiment de ravissement qu'elle éprouve en épousant celui qu'elle aime. Il faut bien, certes, que cette influence soit réelle, puisque la même personne, si elle est mariée contre son gré, ne voit pas ou voit très-tardivement se produire la transformation dont nous parlons.

Pausanias nous a transmis l'heureuse métamorphose que le Mariage opéra sur la femme d'Ariston : jeune fille, elle était très-laide, boutonneuse et hystérique ; dès qu'elle fut devenue femme, sa beauté aurait pu entrer en concurrence avec celle d'Hélène.

Cette anecdote, rapportée par Debay, quoique historique, nous semble gonflée d'exagération. Nous en dirons autant de cette opinion du même auteur, qui dit que, « quant aux Hommes en général, la virginité, c'est-à-dire la continence perpétuelle, absolue, leur est impossible ; et que, quant aux prêtres en particulier, le Célibat n'est pour eux qu'un moyen de mieux jouir des plaisirs de l'amour sans avoir la charge et les embarras d'une famille. »

C'est là une assertion calomnieuse dont nous avons montré toute la fausseté et l'exagération.

Il n'est pas possible d'avancer rien de plus perfide et de plus dénué de preuves. C'est un procès de tendance en règle : avec une telle littérature, il faut nier la vertu et tout mettre en doute. Le même auteur se complaît dans ses citations de victimes de la chasteté ; il va les chercher jusque dans l'antiquité la plus reculée, comme si les temps et les mœurs d'alors étaient comparables aux nôtres.

Debay croit donner le dernier coup au Célibat religieux lorsqu'il reproduit une de ces histoires banales comme celle-ci :

« Une jeune demoiselle, que sa famille, égarée par une fausse religion, voulait faire religieuse contre son gré, douée d'un tempérament utérin, tomba d'abord dans une profonde langueur, puis passa par tous les degrés de l'hystérie, de l'érotomanie et de la nymphomanie ; elle allait succomber aux ardeurs qui la dévoraient, lorsque Alibert, consulté, ordonna pour unique traitement un prompt Mariage. Ce moyen réussit complétement. »

Les cas de ce genre sont probablement plus communs que ne le pense notre auteur lui-même ; néanmoins, ils ne prouvent rien contre ces phalanges de célibataires dont la conduite, toujours attaquée, soupçonnée, reste généralement exemplaire.

Cela ne nous empêche point de donner notre entière approbation à ce passage : « Les plaisirs du Mariage, pris avec modération, sont nécessaires au maintien de la santé générale ; ils apaisent les violents désirs, les impatiences, les inquiétudes, les chagrins d'amour ; ils préviennent les songes érotiques qui embrasent et troublent le sommeil ; ils facilitent le jeu des fonctions ; ils réjouissent l'âme, et donnent au corps cette liberté, cette souplesse, qui rendent alerte et dispos. Ils portent l'Homme à l'amitié, à la bienveillance, à la générosité. Enfin, il faut le reconnaître et le dire, les douceurs du

Mariage sont une heureuse compensation aux chagrins et aux misères de la vie. »

## SECTION III.

### MARIAGES INTEMPESTIFS ET DISPROPORTIONNÉS.

Nous entendons par *intempestifs* les Mariages précoces et les tardifs ; et par *disproportionnés* les Mariages entre personnes dont l'âge de l'une dépasse de plusieurs années celui de l'autre.

Ces sortes d'unions sont blâmables, parce que, outre qu'elles portent préjudice à la santé des deux ou tout au moins d'un des contractants, elles donnent naissance à des enfants moins bien constitués et moins vigoureux. Hippocrate a dit : « Dans la semence même et de l'Homme et de la Femme, tout le corps fournit ; elle vient faible des parties faibles et forte des parties fortes. Nécessairement, l'enfant y correspond et il ressemble à l'un et à l'autre en quelque chose. »

### § 1er. — *Mariages précoces.*

Nous avons déterminé, dans un précédent chapitre, l'âge auquel l'Homme et la Femme sont pubères et nubiles. A cet âge le Mariage est permis ; mais c'est avec raison qu'on a fait ressortir l'avantage de la Nubilité sur la Puberté (V. ces mots.) au point de vue de l'excellence du fruit qui en provient.

Non-seulement le manque de maturité des facteurs rend le produit moins beau et moins vivace, mais encore le mari trop jeune, emporté par la fougue de ses désirs, s'épuise dans des embrassements trop multipliés, et la femme, dont le développement physique n'était pas achevé, — car elle grandit encore après être réglée, — reste en arrière du complément de ses forces qu'elle était sur le point d'acquérir, et est plus exposée qu'une autre aux affections de la matrice et aux accidents de la puerpéralité.

## § 2. — *Mariages tardifs.*

Jusqu'à l'âge de 40 et 45 ans, l'Homme conserve toute sa vigueur virile ; à 50 ans, il commence à la voir décliner. C'est qu'alors la sécrétion spermatique se ralentit, les érections ne sont plus aussi fortes ni aussi soutenues. L'imagination est encore vive, le cœur jeune et chaud, mais la frigidité organique commence. Voici donc l'heure de la retraite qui sonne. Nous ne prétendons pas toutefois que, « passé 50 ans, l'Homme se jette une pelletée de terre chaque fois qu'il se livre au coït, » comme l'a dit l'abbé Maury (Lettre à P. Portal). Il y a lieu, en effet, de tenir compte de la constitution, du tempérament, de l'état de santé générale des individus, car assez nombreux sont les exemples de vieillards qui conservent jusqu'à l'âge de 70, 75 ans, des facultés qui nous sont ravies beaucoup plus tôt en général. Il est utile de répéter, néanmoins, que les fonctions génitales, à cause du peu de modération qui préside à leur accomplissement, sont à tous les âges des causes de maladies.

Réveillé-Parise, dans son *Traité de la Vieillesse*, a écrit des pages éloquentes sur les désordres auxquels s'abandonnent les Hommes vieux qui veulent sacrifier à Vénus :

« L'Homme, encore dans sa verte vieillesse, répugne longtemps à se croire tel qu'il est. Ses souvenirs, presque synonymes de regrets, sont toujours là dans sa mémoire et dans son cœur pour le tourmenter, car il jette sans cesse son regard en arrière, pour contempler à l'horizon lointain cette terre promise de l'amour et de ses plaisirs, où il serait si doux de vivre, s'il était possible d'y rester. Difficilement, il s'accoutume à l'idée que la haute prérogative de procréation lui est à peu près retirée, et il ne veut s'avouer à lui-même que le plus tard possible cet état de décadence dont le frappe la nature.

« Cette nouvelle manière d'être paraît comme injurieuse, comme flétrissante, car il est bien peu d'individus capables d'accepter la vieillesse sans faiblesse d'esprit, sans trouble de raison. Le temps blanchit leur tête sans désenchanter leur esprit. D'ailleurs, un Homme bien constitué, que l'âge n'a pas encore accablé, éprouve encore des réminiscences perfides et tentatrices ; tout semble jeune en lui, excepté la date de sa naissance. Ses années sont dépensées, mais non sa force. Il s'avoue bien que l'aiguillon du besoin n'est pas aussi pressant qu'autrefois, qu'il ne sent plus cet *excès de vie*, ce feu, cette ardeur qui jadis embrasaient son sang et son cœur ; mais il ne se croit nullement un athlète tellement désarmé, qu'il doive renoncer tout à fait à la lutte et au triomphe ; et, comme dit Fénelon, le jeune homme n'a pas encore été tué chez lui. Beaucoup de vieux fous, d'étourdis chargés d'années, se reconnaîtront ici ; je ne leur demande que d'être sincères. N'est-ce pas aussi le rôle avilissant de certains fats surannés, dont les disgrâces en amour sont méprisables et les succès complétement ridicules ? Quelquefois le mal est enraciné dans les habitudes ; et, comme l'a dit un penseur de notre époque, *le châtiment de ceux qui ont trop aimé les femmes, est de les aimer toujours.* Il n'y a que des défaites réitérées, des maladies redoutables, la marche hâtive et précipitée de la vieillesse, qui apprennent enfin à l'imprudent ce qu'il devrait savoir depuis longtemps, que le bien-être et la santé consistent, surtout à la dernière période de l'existence, dans le juste accord d'un reste de force, d'une raison éprouvée et d'une sage conduite. »

Tout ceci peut s'appliquer également à la Femme dont la vie sexuelle finit avec la disparition des règles. Vers 40 à 45 ans, elle cesse de *voir*, bien que la menstruation dure au delà chez quelques-unes, et, signe de décadence génitale, elle commence à prendre de l'embonpoint. Le besoin du rapprochement sexuel se fait moins sentir ; ses préoccupations sont celles de coquetterie, de toilette, de désir de paraître encore jeune ; mais si l'âme reste vive et le cœur sensible, les sens se calment, parce que les ovaires, qui sont le point de départ et la cause de leur excitation, cessent d'être le siége de ce mouvement vital qui produisait l'espèce de ponte mensuelle dont nous avons parlé.

Est-il besoin maintenant de longs discours et de brillantes phrases pour faire comprendre que les enfants issus de mariages intempestifs, c'est-à-dire trop précoces ou trop tardifs, ne peuvent être doués de qualités aussi excellentes que celles qui caractérisent la progéniture issue de couples ayant atteint l'âge nubile et ne l'ayant pas dépassé depuis trop longtemps?

## § 4. — *Mariages disproportionnés.*

Un jeune Homme qui épouse une vieille Femme ou une jeune fille qui prend pour mari un vieillard voilà ce que nous appelons des mariages disproportionnés.

Dans l'un et dans l'autre cas, l'union offre un double péril : d'abord pour les époux, ensuite pour leur progéniture.

Sans compter que de tels mariages sont inspirés par un sentiment qui tient de la luxure plutôt que de toute autre combinaison, et cela toujours de la part du contractant le plus âgé.

Tristes et scandaleuses sont ces unions qu'il serait désirable qu'une loi vînt prohiber au nom de la morale publique, de la santé et du bonheur des conjoints, surtout dans l'intérêt de la société, parce qu'elles la dotent d'enfants chétifs qui ne peuvent concourir ni à sa défense ni à la satisfaction de ses besoins les plus impérieux.

Mariage entre un jeune Homme et une vieille Femme. — Nous faisons remarquer tout d'abord que les expressions jeune Homme et vieille Femme désignent des conditions d'âge tout à fait relatives : ainsi une Femme de 35 ans est encore jeune, mais devient-elle l'épouse d'un Homme de 20 ans, nous disons que c'est une vieille Femme, et *vice versâ*.

Voici ce que dit Debay, dans ce style intempérant qui a surtout assuré le succès de son livre :

« Les jeunes gens que l'appât de la fortune pousse à se marier avec de vieilles Femmes, épuisent promptement leur vigueur lorsqu'ils ont affaire à ces Femmes déjà sur le retour, mais insatiables de luxure, et dont la partie génitale est une fournaise dévorante. »

Ceci paraît être en complète contradiction avec ce qui a été avancé précédemment, à savoir que le feu de la concupiscence s'éteint, ou plutôt se calme à l'âge de retour chez la Femme. Mais, dans cette question comme dans tant d'autres, il faut avoir égard aux différences de constitution, de mode d'existence, etc.

Or, voici ce qu'il faut remarquer. La Femme qui s'est mariée jeune avec un Homme d'un âge proportionné au sien, celle surtout qui a eu des enfants qu'elle a élevés, qui, par conséquent, a connu les douceurs et les soucis du ménage, cette Femme assiste sans regret, en général, au déclin de ses désirs voluptueux, bien qu'elle ne soit point insensible aux jouissances des sens, qui parfois même sont aussi vives que par le passé; mais, partageant la couche de son mari, elle demeure passive, presque froide, si celui-ci ne l'excite pas à se prêter à ses désirs.

Quelle différence quand il s'agit de certaines Femmes à tempérament ardent, et qui, veuves et privées d'un plaisir qu'elles ont savouré et dont la privation leur est devenue pénible, se marient avec un jeune Homme dont le souffle les embrase! Ces Femmes-là, certainement, pourront se sentir consumées d'un feu nouveau et prendre un rôle provocateur avec d'autant plus de licence qu'elles ont affaire à un mari plein de jeunesse, de force, et sur lequel elles exercent l'influence que donne la fortune, car c'est l'argent, l'argent de la femme, qui, seul, a pu déterminer le mari imprudent à contracter cette union.

Accompli dans ces conditions, le Mariage doit faire présumer que la lubricité est le mobile principal de l'épouse, tandis qu'au contraire, nous le répétons, l'époux obéit à un sentiment de convoitise, et se montre peu scrupuleux sur les moyens d'arriver à la fortune.

Mariage entre un Vieillard et une jeune Fille. — Dans des questions de ce genre, si souvent rebattues, et toujours discutées sans résultat vraiment pratique, nous n'avons rien de mieux à faire que d'emprunter quelques réflexions aux auteurs qui nous ont précédé.

« On a vu à toutes les époques de l'humanité, dit le Dr Mayer, à partir des patriarches, comme on voit encore fréquemment aujourd'hui, de ces alliances qui répugnent à la nature, entre des hommes qui touchent à la décrépitude et de pauvres jeunes filles que les parents sacrifient à des intérêts de position ou de fortune. Il y a dans ces alliances monstrueuses, que nous ne saurions flétrir assez énergiquement, à considérer la situation réciproque des époux abusivement accouplés, et le sort de la progéniture qui peut en être le résultat.

Admettons pour un instant que le Mariage ait été conclu du plein consentement de la jeune fille, et qu'aucune pression étrangère n'ait été exercée sur sa volonté, comme c'est la règle cependant ; il n'arrivera pas moins que la réflexion et l'expérience amèneront de tardifs regrets, et d'autant plus poignants que le mal sera sans remède ; mais que la violence ou la *persuasion*, ce qui est souvent la même chose, ait été mise en œuvre pour obtenir l'aveu qu'exige la loi, la révolte n'en sera que plus prompte et plus véhémente. Dès ce moment, la vie commune deviendra odieuse à la malheureuse victime, et des *espérances* coupables naîtront dans son cœur désolé, tant lui paraît lourde la chaîne qu'elle supporte. C'est qu'en effet les amours du vieillard sont ridicules et hideux, nous l'avons déjà dit dans un autre endroit de ce livre, et l'on ne saurait assez plaindre l'infortunée que le devoir condamne à les subir. Qu'on y songe un instant, et l'on sentira, malgré soi, une répulsion comparable à celle qu'inspire seule l'idée de l'inceste. En réalité, tout est ici contraste, au physique comme au moral, et la chasteté est forcément absente, dans ces ébats où la brutalité des sens n'est point amortie et poétisée, en quelque sorte, par les élans passionnés du cœur. »

L'union du vieillard avec une jeune Femme ne blesse pas seulement les convenances et la morale, elle empoisonne la vie de l'épouse sacrifiée et abrége celle du mari désaisonné qui cède aux séductions de la jeunesse et de la beauté. Il y a déjà danger pour l'époux âgé qui continue des rapports, pourtant bien modérés, avec la Femme qu'il n'a pas quittée de sa vie; mais c'est bien autre chose assurément si le même homme contracte de nouveaux liens avec une Femme belle et dans la fleur de l'âge : il veut tout naturellement faire acte de jouteur intrépide, se montrer jeune malgré les ans, et alors, transformant l'heure de la retraite en un réveil factice et forcé, il plonge bientôt ses organes à moitié flétris et toujours surmenés, dans une atonie plus ou moins complète; puis, tous les autres appareils organiques, principalement le cœur, le système nerveux, les sens, ne tardent pas à devenir le siége de troubles graves.

Dans tout cela nous ne voyons d'atteint qu'un couple insensé et bien à plaindre. Mais leurs enfants, s'il en vient, quelle sera leur constitution, leur santé, leur rôle dans le monde ?

N'exagérons rien : il est certainement des fils issus de Mariages disproportionnés qui se sont distingués par des qualités intellectuelles brillantes; mais cela est rare ; le plus souvent, au contraire, les jeunes enfants qui ont pour père un vieillard se distinguent des autres du même âge qu'eux par un air sérieux et triste qui contraste avec l'expression enfantine de ces derniers, engendrés par un couple rayonnant de jeunesse, de gaieté et de santé. Les bonnes femmes disent, en parlant des « *enfants de vieux*, » que ce sont « de vieilles âmes dans un jeune corps » ; elles prédisent même que ce corps n'aura pas une longue vie, et leur prédiction se réalise très-souvent.

Il est inutile que nous nous étendions davantage sur ce sujet, d'abord parce qu'il est rebattu jusque dans les romans, ensuite parce que tout ce que nous pourrions dire ne guérirait pas les Hommes de leurs folies.

## SECTION IV.

### ÉTATS MALADIFS QUI DOIVENT METTRE OPPOSITION AU MARIAGE.

Que de belles phrases et d'éloquence dépensées en pure perte, à propos d'alliances basées sur des considérations d'intérêt ou de position, sans souci du bonheur des conjoints. Nous les épargnerons au lecteur, qui sait de reste que les Mariages ne sont plus affaire de sentiment, d'inclination et de sympathie, mais tout simplement un marché. N'était-ce que cela encore? Mais une fille est-elle bossue, lympathique, contrefaite, scrofuleuse, phthisique même, peu importe : du moment qu'elle est riche, elle n'a plus de défauts, et sa main est demandée de tous côtés. Il y a même des marieurs qui escomptent le peu d'années qu'aura à vivre la chétive fiancée.

Il est regrettable que par respect pour la liberté individuelle on n'édicte pas une loi qui prohibe le Mariage entre sujets entachés d'une maladie héréditaire, telle que la phthisie, le scrofulisme, l'herpétisme poussé à un degré extrême, l'épilepsie essentielle, etc., parce que ces diathèses, se transmettant par voie de génération, perpétuent et renforcent une race de sujets abâtardis.

Une telle loi, nous en convenons, serait bien difficile à formuler dans ses termes, les cas à spécifier offrant les plus grandes variétés; elle serait d'une difficulté encore plus grande quant à sa mise en pratique et à son application, vu que l'examen physique des sujets serait repoussé comme vexatoire et indécent.

Notre code n'admet comme motif d'opposition au Mariage aucune autre maladie que la *démence*: l'individu reconnu en cet état est en effet incapable de donner un consentement valable. Au médecin est dévolu le rôle de constater, à l'appui d'une opposition au Mariage, l'état de démence, d'imbécillité ou de fureur d'un individu. Nous n'avons pas à examiner sous quelles formes diverses peut se présenter la démence, et nous passons outre.

Mais il est un vice de conformation qui doit, malgré le silence de la loi, faire absolument interdire le Mariage à la personne qui en est affectée. Nous voulons parler du rétrécissement du bassin, rétrécissement tel qu'il offre moins de 3 pouces de diamètre antéro-postérieur et qu'il rend l'accouchement impossible par les voies naturelles. Or, on sait à quels dangers est exposée la Femme à laquelle on pratique l'opération césarienne pour la délivrer, sans compter ceux que court en même temps son enfant.

D'après nos lois, les sourds-muets peuvent se marier, pourvu qu'ils soient en état de manifester leur volonté d'une manière non équivoque. (C. C. art. 146.)

## SECTION V.

### MARIAGES CONSANGUINS.

Toutes les considérations physiologiques et d'ordre pathologique auxquelles donnent lieu les unions consanguines se rattachent à la condition organique qui fait que les manières d'être corporelles et mentales passent des ascendants aux descendants, c'est-à-dire qu'elles ont trait à l'*hérédité*.

On sait que les caractères extérieurs de l'individu se transmettent par voie d'hérédité aussi bien que les modes fonctionnels de ses organes. Il y a des familles ou des races où l'on observe la transmission d'un seul caractère qui en est le signe distinctif, comme, par exemple, le nez chez les juifs. Darwin attribue les transformations successives des individus et des races à la transmission aux descendants des caractères imprimés aux ascendants par les climats, les habitudes, les lieux.

Les instincts, le sens moral, l'idyosyncrasie sont également héréditaires.

Si donc, dans le mélange de deux sangs de race différente, chaque facteur transmet au produit les dispositions physiques et morales qui lui sont propres, on conçoit que cette propriété soit renforcée dans le cas où les conjoints sont d'une même souche. Mais, comme nous l'avons déjà dit (page 71), la consanguinité morbide ne doit pas être confondue avec la consanguinité saine, et il ne faut pas mettre à la charge des unions consanguines les états maladifs qui sont du ressort de l'hérédité morbide.

Assimilant la génération à l'hérédité, la plupart des médecins ont admis indistinctement l'hérédité de toutes les maladies.

Dans son livre : *Du danger des Mariages consanguins*, F. Devay a non-seulement admis cette proposition, mais il accuse plus spécialement les unions consanguines des méfaits qui doivent être mis à la charge de la loi d'hérédité. Passer en revue les maladies attribuables à ces sortes d'unions, ce serait nous engager dans le domaine de la pathologie, et nous n'en avons ni le loisir ni la mission.

Bornons-nous à citer les conclusions de l'auteur que nous venons de nommer, non sans répéter préalablement que Devay est trop pessimiste à l'endroit de la consanguinité.

« 1° Les Mariages consanguins sont essentiellement opposés à la physiologie humaine, à la nature de l'Homme : l'instinct naturel les repousse. De temps immémorial, les mœurs et les préceptes religieux de divers peuples ont réagi contre leur coutume.

« 2° Il ressort de l'expérience fondée sur un très-grand nombre de faits, que ces Mariages compromettent l'espèce humaine par la stérilité et par les infirmités et les maladies qui peuvent atteindre les enfants, lorsque ces mariages sont féconds. Il paraîtrait qu'il est de leur essence de produire des anomalies de l'organisation, des arrêts de développement, la surdi-mutité, l'obtusion de l'intelligence, etc.

« 3° Cependant, sous le rapport sanitaire, il faut établir une distinction entre un Mariage consanguin isolé et ceux qui se répètent. L'influence de la consanguinité peut épargner la première génération, mais, presque à coup sûr, elle n'épargnera point les autres.

« 4° Là où la consanguinité se répète, la famille déchoit sous les rapports de la beauté, de la force physique et de l'intelligence. Là se rencontrent en foule les anomalies d'organisation, les difformités, l'idiotie, l'aliénation mentale, etc. A cet état de choses doit inévitablement succéder l'extinction. Ces faits sont autant prouvés par l'expérience médicale que par l'étude des races, l'ethnographie et l'interprétation de certains faits historiques.

« 5° Les Mariages consanguins pourraient être considérés, à la rigueur, comme une infraction à l'hygiène publique, et réclamer ainsi la surveillance du législateur. Mais, en présence des difficultés que, dans l'espèce, soulèverait cette intervention, il vaut encore mieux agir par persuasion, éclairer la raison de tous sur leurs véritables intérêts, signaler les dangers. Il faut, en un mot, agir sur l'opinion publique de manière que celle-ci amène à la longue une réprobation universelle de la consanguinité dans le Mariage. »

## SECTION VI.

### RAPPORTS CONJUGAUX, CONTRAINTE MORALE, ONANISME CONJUGAL, SYSTÈME MALTHUSIEN.

A ne considérer que les lois de la nature et les préceptes d'une saine physiologie, il faut écouter l'instinct qui nous porte à l'accomplissement d'une des plus impérieuses fonctions, quand cet acte est légitimé par le Mariage. La religion nous recommande le même devoir : *Croissez et multipliez*, dit une parole divine.

Mais il faut compter, à ce qu'il paraît, avec l'économie sociale ; il faut voir auparavant si la terre pourra suffire à nourrir tous ses enfants, dont la multiplication s'accroît, dit-on, en proportion géométrique, tandis que les produits ne suivent dans leur accroissement que la proportion arithmétique.

De là est né le *Malthusianisme*, système économique de Malthus, qui se résume tout entier en ces quelques mots : nécessité de mettre obstacle à l'augmentation de la population, qui doit être nécessairement limité par les moyens de subsistance.

Les obstacles qui s'opposent ou doivent s'opposer à cet accroissement successif, l'économiste anglais les classe en deux grandes catégories : 1° les obstacles préventifs, 2° les obstacles destructifs.

### § 1er. — *Obstacles préventifs.*

Les obstacles préventifs, d'après Malthus, sont faciles à comprendre : l'Homme doit éprouver une juste crainte de ne pouvoir point faire subsister ceux qu'il aura fait naître ; ces considérations doivent empêcher les Mariages précoces, pousser à l'abstinence du Mariage et recommander la *contrainte morale.*

Quant au libertinage, aux passions contraires au

vœu de la nature, à la violation du lit nuptial, en y joignant les artifices employés pour cacher les suites de liaisons criminelles ou irrégulières, ce sont des privatifs qui appartiennent à la classe des vices et que Malthus se borne à condamner sans s'en occuper davantage.

Le Dr Alex. Mayer, très-partisan du système malthusien, examine une à une les conditions qui doivent être considérées comme moyens préventifs : ces conditions sont la contrainte morale, les obstacles légaux, les obstacles par modifications organiques de la Femme, les rapports conjugaux en dehors de l'époque propice à la conception, les artifices de rapports sexuels, etc.

La *contrainte morale* ou *moral restreint*, selon l'économiste anglais, consiste à s'abstenir de tout rapprochement, ou à ne rien omettre de ce qui pourrait rendre l'union féconde. Si telle est la véritable signification de ces deux mots, nous avouons n'y voir rien à reprendre, d'autant que le précepte est conforme à la décision des casuistes, qui disent que : l'essentiel n'est pas que les époux s'abstiennent de l'acte copulateur, l'essentiel est qu'ils évitent de faire un acte vain.

Mais l'abstention réelle est-elle aussi facile que semble le dire M. A. Mayer ? Ce côté de la question touche au Célibat, auquel nous renvoyons le lecteur. Toujours est-il que la contrainte morale n'est pour le plus grand nombre, pour la presque généralité des philosophes, qu'un précepte hypocrite, qu'une provocation à « *l'Onanisme à deux*, » suivant l'expression de Dunoyer.

Les *obstacles légaux* à l'accroissement exagéré de la population consisteraient dans des prohibitions de Mariages basées sur la mauvaise santé des prétendus, sur l'existence de certaines maladies fatalement transmissibles par hérédité, telle que la phthisie par exemple. Nous renvoyons pour ce sujet à l'article Mariage.

Les *obstacles par modifications organiques*, toujours d'après le même auteur, résulteraient d'une mesure générale qui consisterait à rendre, par des soins et une alimentation substantielle, les Femmes pauvres et maigres aussi peu fécondes que le sont celles qui vivent dans le luxe, et dont l'embonpoint annonce un commencement de stérilité. Si le lecteur croit que nous ne reproduisons pas exactement l'opinion de l'auteur, nous allons citer textuellement :

« Le corollaire de ce qui précède, dit Al. Mayer, est celui-ci : Aussi longtemps que la misère ira croissant, la fécondité du sexe suivra une marche pareille ; et il n'existe qu'un seul procédé pour mettre un frein à cette déviation de la force plastique : c'est de placer toutes les Femmes dans un milieu confortable, dans une sorte de *luxe relatif*. Hors de là point de salut ! » Singulier raisonnement !

Viennent ensuite les *rapports en dehors de l'époque propice à la conception*, autre sujet qui rentre dans les chapitres Fécondation et Menstruation. Après le douzième jour qui suit la cessation des règles et jusqu'à l'apparition de la période menstruelle suivante, la conception, nous ne dirons pas ne peut avoir lieu, mais est moins probable.

Comme il n'y a que huit jours par mois pendant lesquels, d'après ce que nous avons vu (V. p. 160), les rapprochements sexuels ont chance d'être féconds, il en découle naturellement que la *contrainte morale* bornée à ce laps de temps est bien plus facile à observer, et que là se trouverait le moyen le plus certain, dans le système malthusien, d'éviter la grossesse et ses conséquences.

Les *artifices préventifs de la fécondation* ont pour but d'empêcher la liqueur prolifique d'arriver jusqu'à l'utérus. Ce sont des stratagèmes inventés par la débauche ; il ne serait ni utile ni moral de les indiquer ici. En abordant ce sujet, nous n'avons d'autre but que d'enseigner ceci : savoir, que « le coït exercé autrement que sous les inspirations de l'instinct est une cause de maladie pour les deux sexes et de danger pour l'ordre social. La souillure du lit conjugal par les honteuses manœuvres auxquelles nous faisons allusion se trouve mentionnée pour la première fois dans la Genèse à propos d'Onan : *Semen fundibat in terram, ni liberi nascerentur, et idcircò percussit eum* (Onan) *Dominus, quòd rem detestabilem faceret.* De là le nom d'*Onanisme conjugal.*

« On ne saurait dire combien ce vice est répandu, et avec quelle quiétude il est pratiqué même par des gens qui craignent de commettre le plus petit péché, tant la conscience publique est pervertie sur ce point. Et pourtant, bien des maris savent que la nature réussit à déjouer quelquefois les calculs les plus subtils et à reconquérir les droits dont on cherche à la frustrer. N'importe ! on persévère, et, par la force de l'habitude, on empoisonne les plus beaux instants de la vie, sans être sûr de conjurer le résultat qu'on redoute. Aussi, qui sait si les enfants, si souvent faibles et chétifs, ne sont pas le fruit de ces procréations incomplètes, et traversées par des préoccupations étrangères à l'acte génésique ?... »

Qu'il soit conjugal ou à deux ou bien individuel et solitaire, l'*Onanisme* n'entraîne pas moins de terribles conséquences à sa suite : nous parlons de l'Homme surtout. Quant à la Femme, on peut affirmer par induction que les rapports anormaux exercent aussi chez elle une désastreuse influence. « Il n'est point difficile de concevoir, dit le Dr F. Devay, le degré de perturbation qu'une semblable pratique doit exercer sur le système génital de la Femme en provoquant des désirs qui ne sont pas satisfaits. Une stimulation profonde retentit dans tout l'appareil ; l'utérus, les trompes et les ovaires entrent dans un état d'orgasme ; l'orage n'est point apaisé par la crise naturelle, une surexcitation nerveuse persiste... C'est à cette cause, trop souvent mise en action, que l'on doit attribuer ces névroses multiples, ces bizarres affections qui ont pour point de départ le système génital de la Femme... »

Voici ce que dit à son tour le Dr Mayer :

« Ce qui, chez nous, est passé à l'état de vérité incontestable, c'est que les troubles de l'innervation utérine chez les Femmes mariées, les symptômes hystériques qu'on rencontre presque aussi souvent chez elles que chez les jeunes filles vierges, tiennent aux habitudes vicieuses contractées par les maris dans leurs rapports conjugaux. Nous recommandons ce point de doctrine étiologique aux investigations et aux méditations de nos confrères. Au surplus, il est une affection beaucoup plus grave, qui se propage chaque jour davantage et qui, si rien n'en arrête les envahissements, aura bientôt atteint les proportions d'un fléau : nous voulons parler des dégénérescences de la matrice. Nous n'hésitons pas à placer au premier rang, parmi les causes de cette redoutable maladie, le raffinement de la civilisation, et particulièrement les artifices introduits de nos jours dans l'acte génésique. Quand il n'y a point de procréation, quoique la faculté procréatrice soit excitée, on voit survenir des pseudomorphoses. Ainsi, on a noté que les polypes et les squirrhes de la matrice sont communs chez les prostituées. Et il est très-facile de se rendre compte du mode d'action de cette cause pathogénique, si l'on considère combien il est vraisemblable que l'éjaculation et le contact du sperme avec le col utérin constituent pour la Femme la crise de la fonction génitale, en apaisant l'orgasme vénérien, en calmant les convulsions de la volupté, sous lesquelles s'agitait frémissante l'économie tout entière. Et puis enfin, qui nous démontre qu'il n'existe pas dans la liqueur fécondante quelque propriété spéciale, *sui generis*, qui fait de sa projection sur le col de l'utérus et de son contact avec cet organe une condition indispensable à l'innocuité du coït? »

« N'est-il pas vrai, en effet, que les mœurs publiques doivent en grande partie leur dégradation, et les familles leur désordre, aux scènes scandaleuses de l'alcôve, trop souvent transformée en véritable lupanar? L'immoralité du mari apprend à la jeune épouse les ingénieux stratagèmes inventés par la débauche Révoltée d'abord par sa pudeur, jusque-là respectée, secrètement avertie par sa conscience de l'outrage à la morale dont elle se constitue l'innocente complice, la femme se souviendra, si jamais sa vertu vient à succomber, des leçons qu'elle a reçues, pour tromper la nature et s'assurer l'impunité, tout en violant odieusement la foi conjugale, ce palladium des sociétés. A qui la faute ? si ce n'est à l'imprudent qui n'a pas su conserver précieusement chez sa compagne la chasteté, cette sauvegarde que Dieu lui-même a placée dans le cœur de la Femme, pour préserver sa faiblesse et l'avertir du danger ; car la femme qui ne rougit plus est livrée sans défense aux suggestions du vice ; et si alors l'honneur du mari demeure intact, c'est que les circonstances le serviront bien plus que sa sagacité. »

### § 2. — *Obstacles destructifs.*

Quels sont ces obstacles ? On ne les devine que trop : c'est l'avortement et l'exposition ou la destruction de l'enfant.

Nous n'avons pas à nous occuper de ces pratiques criminelles, malheureusement trop fréquentes.

Revenons à Malthus pour conclure relativement à la portée de son système économique.

La loi que Malthus a essayé d'établir entre l'accroissement de la population d'une part, et celle des subsistances de l'autre, a été vigoureusement attaquée; et un sérieux examen des faits a démontré que l'écart de plus en plus grand que cet économiste a entrevu entre la population et la subsistance n'existait point en réalité. Pour combattre la tendance, que selon lui la population a à s'accroître, Malthus a proposé des moyens qui l'ont fait accuser d'imoralité et de dureté de cœur. A-t-on tort ? Qu'on en juge par ces paroles, qui sont de lui : « Un Homme qui naît dans un monde déjà occupé, si sa famille ne peut pas le nourrir ou si la société n'a plus besoin de son travail, cet homme n'a pas le moindre droit à réclamer une portion quelconque de nourriture et il est réellement de trop sur la terre... »

Voilà qui est tout l'opposé de cette simple et honnête proposition : « Il y a place pour tout le monde au soleil. » Dans son système, Malthus exonère les gouvernants de tout reproche et de toute responsabilité; or, cela est contraire à la justice et au bon sens. La misère publique n'est pas une fatalité qu'il est impossible de repousser; et il ne faut pas oublier que l'Homme vit en société, que la procréation même crée le lien de famille, qui enfante l'union et la solidarité; que la seule cause réelle de la misère est, non pas dans l'accroissement de la population, mais dans la mauvaise répartition des forces et des obligations sociales. D'ailleurs, assez d'autres causes sans la contrainte morale, les guerres et les épidémies par exemple, viennent malheureusement éclaircir nos rangs.

Une dernière remarque sur ce sujet qui en comporterait de si nombreuses et qui ne devrait point être abordé dans ce livre : Le Malthusianisme constate qu'il existe des pauvres et des riches : aux riches il permet de se livrer en toute sécurité de conscience aux jouissances de l'amour ; il les interdit aux pauvres. N'est-ce pas la glorification du plus immoral monopole ? Ensuite, l'auteur de ce système a-t-il songé aux antagonismes des nations entre elles et aux guerres qui en découlent : sont-ce les riches qui fourniront des soldats assez nombreux pour défendre la patrie ?

Toutefois, les doctrines de Malthus ont eu un côté utile : « en pénétrant avec sagacité, dit A. Cochut, les phénomènes qui se rapportent aux mouvements des populations, en démontrant, contre l'avis unanime des hommes d'État de son temps, que le bonheur d'un pays, sa force politique, dépendent, non pas du chiffre de ses habitants, mais du rapport de la population à la quantité et surtout à la vertu nutritive des aliments disponibles. »

## SECTION VI.

### POUVOIR OU FACULTÉ DE PROCRÉER LES SEXES A VOLONTÉ, DES GRANDS HOMMES, DES BEAUX ENFANTS

Déclarons tout de suite que ce triple pouvoir n'est donné ni à l'Homme ni à la Femme qui concourent à la reproduction de leurs semblables.

Tout ce qui a été écrit sur ce sujet est pure fantaisie, inventions hypothétiques faites pour amuser les imaginations amoureuses du merveilleux.

### § 1er. — *Pouvoir de procréer des garçons ou des filles à volonté.*

Nous avons déjà traité cette question ; nous devons y renvoyer le lecteur.

### § 2. — *Mégalanthropogénésie.*

Formée de trois mots grecs : *mégas*, grand; *anthropos*, Homme ; *génésis*, Génération. Cette expression signifie faculté ou art de procréer des grands Hommes. Cela peut s'entendre au physique comme au moral, mais nous admettons que le second sens est le seul que l'auteur, malgré la longueur du mot, ait eu en vue.

Les croyants au pouvoir de procréer les sexes à volonté ont basé leur système sur des conditions de tempérament, d'organisation sexuelle, de temps relatif au congrès, etc., qui ne sont point invoquées pour la Mégalanthropogénésie ; c'est l'*Hérédité* qui joue le principal, ou plutôt le seul rôle dans la question qui nous occupe en ce moment; mais si sa puissance est réelle à cet égard, il est à regretter qu'on n'y ait pas prêté assez d'attention depuis longtemps, car on ne rencontrerait plus de sots, ni d'ignorants, ni tant de gens incapables, inutiles, qui, dans nos temps troublés, n'ont qu'un espoir : arriver à quelque chose par la politique en égarant les masses par des prédications et des promesses insensées.

L'hérédité est la loi biologique en vertu de laquelle tous les êtres doués de vie tendent à se répéter dans leurs descendants. Chez l'Homme, elle se présente sous deux formes : elle affecte les fonctions qui constituent la vie organique et les opérations qui constituent la vie mentale.

L'hérédité *organique* s'étend à tous les éléments et à toutes les fonctions de l'organisme, à sa structure externe et interne, à ses maladies, à ses caractères particuliers, à ses modifications acquises. Rien de plus commun que d'entendre dire qu'un enfant est le portrait de son père, de sa mère, de ses grands-parents. La ressemblance peut subir des métamorphoses qui font que l'enfant ressemble successivement à son père ou à sa mère.

Les anomalies de l'organisation se transmettent elles-mêmes ; mais l'expérience semble démontrer qu'il y a tendance vers le retour au type primitif.

L'hérédité des maladies est connue de tous les médecins.

Le caractère national lui-même se transmet par hérédité ; il se montre permanent à travers les temps. Le Français du XIXe siècle est, au fond, le Gaulois de César, qui a l'amour des révolutions : *Novis rebus student.* On trouve dans les *Commentaires* tous les traits essentiels de notre caractère national : l'amour des armes, le goût de tout ce qui brille, l'incroyable légèreté d'esprit, la vanité incurable, la finesse, une grande facilité à parler et à se laisser prendre par les mots.

Taine a montré (*Etudes sur la littérature anglaise*) combien le vieux fond germanique et scandinave est demeuré solide, en retrouvant dans lord Byron un vrai descendant des Bersekirs.

Ainsi l'hérédité régit toutes les formes de l'activité vitale. En est-il de même dans l'ordre *psycho-*

*logique?* Là est le nœud de la question qui nous occupe, la base de la Mégalanthropogénésie.

L'instinct, cette impulsion inconsciente qui préside à la conservation des individus, est soumis à l'hérédité, ou plutôt est inné chez tous les individus, avec des caractères différents dans son intensité. Les facultés sensorielles se transmettent aussi, dans leurs divers modes d'action, des parents aux enfants : la myopie, par exemple, se remarque souvent dans tous les membres d'une même famille.

C'est quand on arrive aux facultés de l'intelligence que l'hérédité perd de sa force. Ces facultés, dans ce qu'elles ont de plus élevé, se transmettent rarement. Aucun des fils des hommes les plus illustres n'a pu égaler son père ; au contraire, ils produisent des individus qui rentrent de plus en plus dans la commune obscurité, ainsi que les fils de Lafontaine, de Buffon, de Socrate, de Cicéron, les descendants de César, de Charlemagne, d'Alexandre, etc.

« Combien de génies illustres, dit Virey, sont sortis tout à coup de la nuit profonde et sans ancêtres, pour ainsi dire, en éclatant comme des astres nouveaux, puis se sont éteints sans postérité, en composant à eux seuls toute leur renommée ? »

D'où vient donc que l'intelligence supérieure, le

génie, soit rebelle à l'hérédité ? C'est parce que les savants, les grands penseurs, épuisent leur constitution par des travaux d'esprit. Ceux-ci, au contraire, naissent pour la plupart de parents simples, mais doués de qualités physiques et génitales remarquables. N'a-t-on pas remarqué aussi que les bâtards, les enfants de l'amour, comme l'on dit, montrent souvent plus d'intelligence et d'énergie que les autres enfants ? Il en est de même pour les premiers nés dans le Mariage, à moins cependant qu'ils n'aient été conçus dans un âge qui n'admettait pas une complète nubilité, avantage dont les suivants ont pu jouir. Les Orientaux, les Indiens, dit encore Virey, font naître tous leurs grands hommes de vierges, comme Confucius, Fohi, leurs dieux incarnés, Xaca, Amida, et les législateurs ou prophètes, Zoroastre, Mahomet, etc.

Toutefois, nous ne pouvons nier que les facultés mentales ne puissent se transmettre héréditairement. « Si l'intelligence et la raison nous échappent complétement dans leur essence, examinées dans leurs manifestations phénoménales, il n'y a alors aucune raison de les soustraire à la loi d'hérédité. Cherchons, maintenant, en produisant des faits, à montrer que cette transmission est non-seulement possible, mais réelle. Les familles scientifiques ne sont pas rares. Beaucoup de savants tiennent de leur père. Ex. : Ampère, mathématicien, physicien ; son fils, voyageur, littérateur, historien. Buffon ; son fils, bien doué, guillotiné comme aristocrate. Cassini, célèbre astronome ; son fils Jacques, astronome ; son petit-fils, César-François, membre de l'Académie des sciences à 22 ans. On a remarqué aussi que beaucoup de savants ont eu pour mère ou grand'-mère des femmes remarquables. Ainsi Buffon, Bacon, Condorcet, Cuvier, d'Alembert, Watt, Jussieu.

En citant ces faits, tient-on compte de l'influence de l'éducation, des exemples donnés par les parents, de l'esprit d'émulation, d'orgueil, de ténacité, plutôt que de génie, qui s'empare des enfants nés dans ces conditions ? de même que, comme contre-partie, on voit les dons de la fortune et du pouvoir corrompre plus encore les personnes d'un haut rang qu'elles ne leur donnent des motifs d'émulation et de travail pour s'élever. Ainsi, les mêmes causes produisent, au moral, des effets opposés, suivant les dispositions psychologiques, tout comme au physique des causes morbides identiques déterminent des affections pathologiques diverses.

Et voilà pourquoi l'art de procréer des grands hommes n'existe pas. Ce qui existe bien réellement, c'est l'hérédité au physique et au moral ; et si l'on admet avec Moreau (de Tours) que le génie est une névrose, oui, le fils peut hériter de celle-ci, peut-être à l'état d'aggravation.

## SECTION VII.

### HYGIÈNE DU MARIAGE.

Sous ce titre, nous comprenons l'hygiène des organes génitaux, des conseils aux Hommes et des conseils aux Femmes.

### § 1er. — *Hygiène de l'union sexuelle.*

Elle comprend les soins de propreté et la réglementation de la mise en exercice des organes.

Les soins de propreté sont une condition indispensable de la fraîcheur, de la santé des organes, qui sont naturellement le siége de sécrétions odorantes, dont il est nécessaire de les nettoyer.

Chez l'Homme, c'est à la base du gland, derrière la couronne, qu'une sécrétion de cette nature a lieu ; elle augmente et devient irritante après des rapports trop souvent répétés. Il faut avoir soin de découvrir le gland et de le lotionner avec de l'eau fraîche ou tiède. Négliger ces simples précautions, c'est s'exposer à ce que les follicules qui sécrètent l'humeur sébacée s'enflamment et produisent une vive irritation avec démangeaisons qui attirent, comme malgré soi, la main vers la partie, ce qui est une indécente inconvenance. Il se produit là l'affection connue sous le nom d'*herpès préputialis*, affection légère, du reste, qui ne réclame encore une fois que le repos de l'organe et des soins de propreté.

La Femme est tenue encore à plus de précautions, en raison des surfaces sécrétantes beaucoup plus étendues. Elle doit pratiquer des ablutions quotidiennes et même plus souvent si sa constitution et son état l'exigent. L'eau fraiche ou tiède, pure ou aromatisée de quelques gouttes de *Lait d'Hébé* ou d'*Eau des Hespérides*, est le seul liquide dont elle doive se servir pour cet usage. Les alcoolés résineux, les vinaigres de toilette et mille autres produits de la parfumerie sont plus nuisibles qu'utiles.

Nous avons parlé de réglementation pour les actes vénériens. Nous ne pouvons mieux faire et dire qu'en empruntant à la *Physiologie du Mariage* de Debay les passages suivants :

« User avec modération des plaisirs du mariage. — Ne jamais en abuser, car leur abus énerve le corps et retentit sur l'intelligence. Les époux raisonnables se persuaderont que c'est doubler leurs plaisirs que de les économiser.

« La copulation, pour être bien faite, veut la complaisance, la tranquillité et le secret. La crainte, le bruit, comme la malpropreté et la répugnance, lui sont des obstacles. Demander le plaisir à sa femme avec d'aimables paroles ; l'entraîner délicatement à satisfaire nos désirs et ne jamais exiger de force.

« Accomplir le devoir conjugal avec douceur et ménagement, et non avec cette fougue délirante dont les effets peuvent blesser les organes et nuire à la fécondation.

« Ne point s'épuiser par la fréquence des embrassements ; cesser lorsque la nature l'indique, et attendre, avant de recommencer, qu'elle ait suffisamment réparé les pertes.

« Les transports d'une imagination érotique, les désirs immodérés des voluptés sensuelles, sont les plus dangereux ennemis de la virilité. Loin de s'exciter par des idées lubriques, l'homme raisonnable doit attendre que le réveil de l'organe lui annonce le besoin et l'instant de le satisfaire. C'est le moyen de conserver longtemps ses facultés génésiques.

« Ne jamais engager la lutte amoureuse immédiatement après un repas copieux, parce que le violent spasme que provoque l'éjaculation séminale dans toute l'économie, peut suspendre la fonction digestive, amener des obstructions, des suffocations et quelquefois l'apoplexie !...

Dans l'état d'indisposition physique, de santé valétudinaire ou de maladie, on doit s'abstenir du contact vénérien, par la raison que, si le coït modéré est salutaire aux sujets bien portants, il est toujours nuisible aux personnes malades et languissantes.

« Lorsque la tête et les membres sont fatigués, il est prudent de remettre l'acte vénérien à un autre jour, parce que la fatigue causée par cet acte ne peut qu'augmenter la fatigue préexistante.

« Les personnes faibles de poitrine, ordinairement très-amoureuses, doivent comprimer, autant que possible, leurs élans vers la volupté, car il n'y a point d'écueil plus funeste à la santé des poitrinaires.

« Quoique la Femme puisse, sans inconvénient, répéter l'acte amoureux plus fréquemment que l'Homme, elle aura néanmoins raison d'en être sobre, puisqu'il est avéré que celles qui en abusent sont sujettes aux tristes affections des ovaires, de la matrice, et à ce mal terrible qu'on nomme le cancer...

« Les mets et boissons qui échauffent le sang et accélèrent sa circulation ne produisent qu'une excitation momentanée, et prédisposent à l'anaphrodisie ou frigidité. C'est pourquoi les Hommes qui font abus des boissons alcooliques et des mets échauffants perdent de bonne heure leur virilité.

« Un régime débilitant et l'usage exclusif des boissons acides abattent également les forces génitales.

« Le mari doit respecter certains états physiques et moraux dans lesquels peut se trouver sa femme, tels que le temps du flux menstruel, les indispositions, fatigues et oscillations de la santé ; les contrariétés, les chagrins, les incidents fâcheux, etc., et ne point lui demander ni exiger ce qu'elle n'est nullement disposée à accorder ; car, dans ces moments néfastes pour la Femme, si l'Homme prend de force et que la Fécondation ait lieu, l'être futur se ressentira indubitablement de l'état dans lequel se trouvait sa mère.

« La continence stricte, prolongée, de même que l'abus vénérien, sont à craindre, parce que ces deux extrêmes détériorent l'organe copulateur et ont un même résultat : l'atonie génitale, l'anaphrodisie, l'impuissance. Les époux sages ne doivent donc jamais rassasier leurs appétits vénériens ni éteindre leurs désirs dans la satiété ; ils doivent, au contraire, quitter l'autel de l'amour avec la force d'y déposer encore une offrande.

« L'état de grossesse exige une sérieuse attention : les époux doivent s'abstenir du coït pendant les deux premiers mois de la grossesse ; et du septième mois jusqu'après l'accouchement. Cette recommandation est dans l'intérêt de la mère et de son fœtus ; en voici la raison :

« La surexcitation de la matrice, produite par l'acte vénérien, dans les premiers mois de la grossesse, peut nuire au développement de l'embryon et, quelquefois, provoquer un avortement. — A partir du commencement du septième mois jusqu'à la fin du neuvième, les embrassements du mari peuvent blesser la femme et déterminer un accouchement prématuré. »

### § 2. — *Conseils aux Hommes.*

« Messieurs les maris, qui tenez à conserver l'estime de votre femme, soyez, à votre tour, moins despotes dans vos volontés. Avant d'exiger en maître ce que votre appétit convoite, roucoulez en amoureux, consultez son état physique, ses dispositions morales ; respectez les jours néfastes ; ne l'importunez pas de vos désirs dans ces moments d'agacement nerveux où l'âme est triste et les sens sont peu disposés au plaisir. Lorsque vous voyez indifférence et répulsion, soyez assez sages pour remettre à plus tard. N'obtenez jamais de force et brusquement ce qu'on vous refuse ; car, prenez-y garde ! la Femme, irritée, peut aller chercher aux bras d'un amant ce qu'elle ne trouve pas dans son mari. Réfléchissez-y, messieurs, ce point mérite toute votre attention.

« Soyez toujours aimables auprès de vos femmes : provoquez avec douceur et tendresse l'éveil de leurs sens endormis ; charmez d'abord leurs oreilles par les notes harmonieuses du langage d'amour ; employez simultanément les excitants de l'âme et du corps, et quand vos caresses et vos délicieux préludes auront dissipé l'indifférence et allumé leurs désirs, oh ! alors vous n'aurez plus à vous plaindre de leur froideur. » *(Ibidem.)*

## § 3. — *Conseils aux Femmes.*

« L'Homme aime à voir son bonheur partagé, ses jouissances vénériennes s'augmentent de celles qu'éprouve la Femme, et, lorsque l'ivresse du plaisir la saisit en même temps que lui, il semblerait que la vie lui échappe et s'éteint au milieu des plus douces voluptés.

« Si l'on rencontre des femmes trop amoureuses, il y en a beaucoup plus qui pèchent par l'excès contraire, et mettent une indifférence, une frigidité dans l'accomplissement du devoir conjugal, à glacer un mari qui en est quelquefois intérieurement scandalisé. Pour peu que cela se renouvelle, celui-ci va chercher aux bras d'une maîtresse le désir amoureux qu'il n'a pu trouver chez sa Femme. De là, l'éloignement, l'abandon, les reproches, les chagrins, les brusqueries et tous les désordres qui s'ensuivent.

L'Homme est brutal, c'est vrai : sans s'inquiéter de l'état physique et moral dans lequel peut se trouver sa femme, il veut, il exige qu'on lui accorde ce qu'il désire. Un refus ferait naître sa mauvaise humeur et parfois un orage !

« O Femmes ! suivez ces conseils : Cédez aux besoins de votre mari pour mieux vous l'attacher. Malgré votre aversion momentanée pour les plaisirs qu'il sollicite, efforcez-vous de le satisfaire, agissez de ruse et simulez le spasme du plaisir : cette innocente supercherie vous est permise lorsqu'il s'agit de s'attacher un mari. Croyez-moi, accordez de bonne grâce et sans hésiter ce qu'on exigerait de force. Vous le savez, hélas ! l'Homme, embrasé de désirs, est fougueux, parfois brutal ! Ayez le bon esprit d'éteindre dans vos caresses les ardeurs de cette fièvre génitale : c'est le seul moyen de vous débarrasser de ses importunités. » *(Loco citato.)*

## SECTION VIII.

### CAS DE NULLITÉ DE MARIAGE. — SÉPARATION DE CORPS. — DIVORCE.

### § 1er. — *Cas de nullité de Mariage.*

« L'union conjugale, dit Fodéré, est un véritable

contrat synallagmatique où les deux personnes qui contractent s'engagent à se donner mutuellement et à faire ce qui est l'objet du mariage. Or, quatre conditions sont nécessaires pour la validité de la convention : le consentement de la partie qui s'oblige, sa capacité de contracter, l'objet certain qui forme la matière de l'engagement, et une cause licite de l'obligation.

Par conséquent, tout Mariage où l'un des époux n'a pu donner son consentement, ou était incapable de contracter, ou se trouvait dans l'impuissance de remplir l'objet certain de sa convention, peut être attaqué en nullité.

Ce raisonnement est parfaitement juste. Toutefois, notre code, au titre du *Mariage*, pose des règles particulières pour les nullités du contrat en question. Ces cas de nullité sont : 1° le défaut de consentement ; — 2° l'erreur dans la personne.

Nous n'avons pas à parler des autres conditions exigées pour la validité du Mariage, telles que l'âge requis, le consentement des parents, la publicité donnée à l'acte projeté et les formalités exigées pour la célébration de l'union.

*Défaut de consentement.* — La loi exige pour le Mariage un consentement *valable*. Or, d'après le Code, un interdit, ou même un individu qui, sans être encore interdit, est en état d'imbécillité ou de démence, ne peut pas se marier.

Mais le droit d'attaquer le Mariage est restreint aux époux seuls ou à celui des deux dont le consentement n'a pas été libre ou qui prétend avoir contracté en démence. (Art. 180.)

*Erreur dans la personne.* — Par erreur dans la personne, doit-on entendre seulement l'erreur où serait un individu qui, ayant intention d'épouser telle personne, en épouserait une autre? ou bien y aurait-il *également erreur dans la personne* si un individu ne trouvait dans la personne avec laquelle il aurait contracté Mariage qu'un individu appartenant au même sexe que lui ? ou bien encore peut-on regarder l'impuissance comme une erreur dans la personne ?

Devergie soutient que l'impuissance ne peut jamais constituer une erreur dans la personne, cette erreur consistant en ce que l'un des époux, trompé par une fraude quelconque, a épousé un autre individu que celui qu'il avait l'intention d'épouser. La Cour de Gênes a rendu un arrêt en ce sens le 7 mars 1811.

Mais, d'autre part, si une Femme avait contracté Mariage avec un individu réputé jusqu'alors appartenir au sexe masculin, mais qui ne serait réellement qu'une femme comme elle, oserait-on prétendre qu'un tel Mariage est valable par la raison que c'était bien cette personne qu'avait en vue la contractante ? Non, sans doute. Ce cas est arrivé : un arrêt du Parlement (18 janvier 1765) a déclaré nul le Mariage d'une fille Grand-Jean, chez laquelle l'organe distinctif du sexe féminin était tellement mêlé avec plusieurs signes trompeurs de virilité qu'elle-même se croyait Homme.

Faisons remarquer que l'action en nullité de Mariage pour cause d'impuissance n'est pas perpétuelle, qu'elle est au contraire limitée à six mois.

« La demande en nullité n'est plus recevable toutes les fois qu'il y a eu cohabitation continue pendant six mois depuis que l'époux a acquis sa pleine liberté ou que l'erreur a été par lui reconnue. » (Art. 181.)

En résumé dans les six premiers mois de la cohabitation la nullité peut être demandée pour cause d'impuissance par celui des deux époux qui a été trompé, non-seulement lorsque celle-ci a été *accidentelle, manifeste et antérieure au Mariage, mais aussi lorsqu'elle est naturelle et tellement manifeste qu'on ne peut la révoquer en doute.* (Voir plus loin la signification de ces mots soulignés.)

Mais une difficulté s'élève : l'impuissance accidentelle et manifeste étant alléguée, doit-elle être vérifiée par les hommes de l'art? Or, la loi, si elle n'interdit pas les *visites corporelles*, n'oblige personne à s'y soumettre. Donc, dans le cas de refus, toute décision judiciaire serait impossible.

L'impuissance peut être alléguée par le mari dans la question de paternité. L'art. 312 dit :

« L'enfant conçu pendant le Mariage a pour père le mari. Néanmoins, celui-ci pourra désavouer l'enfant, s'il prouve que pendant le temps qui a couru depuis le 300ᵉ jusqu'au 180ᵉ jour avant la naissance, il était ... par l'effet de quelque *accident*, dans l'*impossibilité physique* de cohabiter avec sa femme. »

L'article 313 porte : « Le mari ne pourra, en alléguant son impuissance *naturelle*, désavouer l'enfant. » Cela est juste, car, connaissant son impuissance native, il devait ne pas contracter Mariage : il ne peut être admis à prétendre qu'il était inhabile au coït.

Quant aux signes de l'impuissance, nous les avons examinés précédemment.

L'impuissance est *manifeste* ou *non-apparente*. Lorsqu'un individu de l'un ou de l'autre sexe a les organes nécessaires pour exercer le coït, mais est néanmoins *stérile*, il est atteint d'une impuissance non apparente, qui ne peut être alléguée comme cause de nullité de Mariage. La *stérilité* proprement dite ne peut donc donner lieu à une demande de cette nature.

Il n'en est plus de même dans le cas de l'*impuissance manifeste*, *naturelle* ou *accidentelle*. Chez l'Homme, elle consiste dans l'absence de la verge, l'absence des testicules, l'imperforation de la verge qui accompagne toujours l'exstrophie de la vessie.

Il faut que l'absence de la verge soit complète : s'il peut y avoir intromission d'une courte portion, suffisante pour déterminer chez la Femme le degré d'éréthisme convenable, la fécondation est possible.

Quand il y a exstrophie de la vessie, les uretères s'ouvrent à la surface de cet organe, qui fait saillie au-dessus du pubis à travers les parois abdominales, et le pénis est ordinairement court et imperforé.

L'absence *réelle* des testicules, résultant de la castration, est seule admise comme cause de nullité ; car leur absence dans le scrotum n'est point une preuve suffisante de leur non-existence : attendu que ces organes ne sont peut-être pas encore descendus ; que, chez certains individus, ils demeurent toute la vie dans l'abdomen.

Bien d'autres conditions organiques (hypospadias, épispadias, grosseur démesurée de la verge, hydrocèle, sarcocèle double, obésité excessive, etc.), peuvent être causes d'infécondation ; mais il n'y a que les trois que nous venons d'indiquer (absence de la verge ou des testicules, imperforation du pénis avec exstrophie de la vessie) qui déterminent l'incapacité absolue et indubitable.

Chez la Femme, il n'y a que l'oblitération naturelle ou accidentelle du canal vaginal qui soit une cause absolue d'impuissance et de nullité de Mariage.

Quelquefois la vulve manque et le vagin s'ouvre dans le rectum. Une Femme ainsi conformée devint mère.

« Le célèbre Louis proposa, à ce sujet, aux casuistes la question suivante : *An uxore sic dispositâ uti fas sit, vel non, judicent theologi morales :* mais le Parlement défendit de soutenir cette thèse ; et son auteur, en butte aux persécutions de la Sorbonne, fut obligé de réclamer du pape son absolution, et ne put faire imprimer son observation qu'en 1764, sous le titre : *De partïum externarum generationi inservientiem in mulieribus naturali vitiosâ et morbosâ dispositione, etc.* Nous trouvons dans les auteurs plusieurs grossesses du même genre (1).

Nonobstant l'opinion contraire du célèbre professeur Orfila, nous pensons que, lorsque le vagin s'ouvre dans le rectum, qu'il y a libre communica-

(1) *Dictionnaire des Sciences médicales*, art. *Impuissance.*

tion entre ces deux organes, cette conformation doit être regardée comme une cause d'impuissance. Car, bien que le coït ne soit pas physiquement impossible, une semblable union répugne trop à la morale et à la nature, pour que les tribunaux l'autorisent en quelque sorte en maintenant le Mariage.

En résumé, les trois conclusions suivantes se dégagent des considérations très-controversées auxquelles donne lieu la question de nullité de Mariage.

« 1° Pour déclarer un individu impuissant, quel que soit son sexe, il faut constater qu'il existe en lui des causes physiques permanentes, des vices de conformation ou des lésions accidentelles appréciables par nos sens, auxquels l'art ne puisse remédier, et qui excluent la faculté d'exercer un coït fécondant.

« 2° Ces causes physiques, manifestes et susceptibles d'être rigoureusement déterminées, se bornent à un très-petit nombre : l'absence de la verge, celle des testicules et l'exstrophie de la vessie chez l'Homme ; — l'absence de la vulve, l'absence ou l'oblitération du canal vaginal chez la Femme.

« 3° Tous les autres ne suffisent pas pour établir l'impuissance ; elles ne doivent être prises en considération que pour en tirer des déductions favorables à celui des deux individus qui est accusé d'impuissance. »

### § 2. — *Séparation de corps.*

Nous allons emprunter au *Manuel* de Briant et Chaudé ce qui suit :

« D'après la doctrine primitive de l'Église, l'adultère était la seule cause qui pût motiver la répudiation (*Evangel. secund. Matthæum*, cap. 29). Justinien, cherchant à concilier les lois naturelles avec les idées du christianisme, établit l'*Impuissance* comme cause dirimante du Mariage, et les *sévices* comme cause de séparation, et celle-ci privait de la faculté de convoler à un second Mariage. On se régla dans la suite, pour la mesure des sévices et des mauvais traitements devant exiger la séparation, sur la naissance, la fortune et l'éducation des parties. Quant à l'adultère, il fallait qu'il fût évidemment prouvé : peu de maris osaient intenter une accusation à l'appui de laquelle il était si difficile d'apporter des preuves suffisantes et qui les exposait à être jugés comme calomniateurs et déclarés indignes de conserver sur leur femme l'empire que la religion et la loi leur avaient donné (Godefroi, *Comm. sur le* § 1 *Novel.*, chap. IV).

« Telles étaient autrefois les maximes admises en France par les jurisconsultes et les parlements.

« La loi du 18 mai 1816, réformant le titre VI du livre 1er du Code civil, qui avait été publié le 31 mars 1803, a prononcé l'abolition du divorce, et décidé que les dispositions de la loi du 31 mars relatives au divorce pour causes déterminées sont applicables à la séparation (art. 306) ; ainsi :

« Le mari pourra demander la séparation pour cause d'adultère de sa femme.

« La femme pourra demander la séparation pour cause d'adultère de son mari, lorsqu'il aura tenu sa concubine dans la maison commune.

« Les époux pourront réciproquement demander la séparation pour excès, sévices et injures graves de l'un d'eux envers l'autre (Cod. civ., art. 229, 230, 231). »

« Or, si le mari a été, par l'effet de quelque accident, dans l'impossibilité physique de cohabiter avec sa femme pendant le temps couru depuis le 300e jusqu'au 180e jour avant la naissance d'un enfant, celui-ci peut être désavoué, et ce désaveu établit la preuve de l'adultère. La naissance à terme d'un enfant dont le père a été absent à l'époque présumée de la conception, ou quelquefois l'existence d'une maladie vénérienne chez une femme dont le mari est sain, sont également des preuves d'adultère. Le médecin peut donc être appelé, dans les demandes en séparation, à constater une Impuissance accidentelle chez le mari, ou l'*âge* d'un nouveau-né, ou l'existence d'une maladie vénérienne chez la femme ; mais plus ordinairement des excès et sévices. »

La communication de la maladie vénérienne est comprise parmi les injures graves ; mais lorsque la preuve est acquise et que des faits convaincants ont manifesté la vérité, dans ce cas, seulement, la séparation est légitime et nécessaire.

Toutefois, la Cour a décidé (16 février 1807) que la communication du mal vénérien n'est pas essentiellement une cause de séparation de corps ; mais en même temps, elle a fait entendre qu'il en serait autrement si cette communication était accompagnée de circonstances qui lui donnassent le caractère de sévices ou injures graves.

« Considérée en elle-même, dit un arrêt rendu le 4 avril 1818, et isolément de toutes circonstances particulières, la communication du mal vénérien ne saurait être appréciée par les tribunaux comme une injure grave dans le sens de la loi, parce que, le plus souvent, elle peut être involontaire, l'époux n'ayant pas une connaissance suffisante de son état ; et parce que, d'ailleurs, il est le plus souvent difficile de savoir quel est le véritable auteur de cette communication mystérieuse et clandestine de sa nature. »

## SECTION IX.

### DIVORCE.

Le Divorce est une institution qui a subi bien des vicissitudes. Tour à tour prôné et combattu, il est aujourd'hui admis par certaines nations, rejeté par d'autres.

On confond souvent les sens des mots Divorce et Répudiation. Le *Divorce* est la dissolution du Mariage faite en vue des intérêts respectifs du mari et de la femme ; il résulte souvent du consentement mutuel des époux. — La *Répudiation* est le renvoi de la femme par la volonté seule du mari ; elle est un acte de puissance pour celui-ci, une nécessité souvent douloureuse pour celle-là.

L'usage du Divorce a été importé en France par les Romains lors de la conquête des Gaules par J. César, et il s'y perpétua sous les rois de la première et de la deuxième race. Charlemagne, nous dit l'histoire, répudia Théodore, sa première femme, parce qu'elle n'était pas chrétienne.

La religion catholique, en se développant, finit

par se substituer à la loi civile Les papes imposèrent leurs décrétales à l'Occident; et l'Église, jugeant seule du Mariage, jugea seule du Divorce et le condamna.

Philippe-Auguste se crut assez fort pour braver la puissance ecclésiastique : il répudia Ingelburge pour épouser Agnès de Méranie. C'était par raison d'État: mais il fut excommunié et son royaume frappé d'interdit.

Cependant, la cour de Rome autorisa quelquefois des souverains à se séparer de leurs femmes légitimes et à contracter de nouvelles unions. Suivant elle, ce n'était pas alors un divorce que l'Église autorisait, mais une nullité de mariage qu'elle reconnaissait : fiction commode, il faut en convenir, et dont les têtes couronnées seules ressentaient les effets : Henri IV fut de celles-là.

Henri VIII, en Angleterre, fut le premier souverain qui osa se passer du consentement du Pape.

Le droit canon dit que « tant que l'un des époux séparés de corps est vivant, l'autre ne peut songer à de nouvelles noces, parce que le lien conjugal subsiste; or, cette maxime de l'Église est restée en vigueur en France, et la *Séparation de corps*, qui ne dissout pas le Mariage et ne permet que l'éloignement des époux, est le seul remède admis par la loi aux unions mal assorties.

Mais c'est assez de ce court historique, quand nous n'avons d'autre but que de faire connaître les arguments que l'on a produits pour et contre le Divorce.

§ 1er. — *Pour le Divorce.*

« Quand on ne considère que l'intérêt particulier de ceux qui demandent à rompre un lien devenu pour eux intolérable, on peut raisonner ainsi : L'indivisibilité du Mariage ne répugne-t-elle pas à l'équité ? Est-il équitable de disposer irrévocablement et pour ainsi dire sans les consulter, sinon pour la forme, de la liberté et du bonheur de personnes sans expérience, dont la raison n'est pas encore développée ? Est-il équitable d'attacher le mort au vif, de laisser unie au sort d'un débauché, d'un furieux, d'un monstre, une épouse bonne, sensible et vertueuse ? Est-il équitable qu'un Homme raisonnable et paisible, ami de l'ordre et de la vertu, soit condamné à passer sa vie avec une Femme querelleuse, emportée, dissipatrice et souvent libertine, ou, s'il a recours à la séparation, qu'il soit privé de la plus douce des jouissances et de la consolation de partager son existence ? Les bonnes mœurs elles-mêmes sont intéressées à ce que certains Mariages puissent être dissous. Les crimes occasionnés par les mauvais Mariages sont nombreux ; en une seule année, la Tournelle, du Parlement de Paris, avait prononcé sur vingt-neuf crimes d'assassinat ou d'empoisonnement commis par des maris sur des femmes ou par des femmes sur leurs maris. ...

## § 2. — *Contre le Divorce.*

« Mais quand on se place à un point de vue plus élevé, celui du bien public, on peut prévoir les conséquences du Divorce, non-seulement pour les époux, mais encore pour les enfants issus de cette union passagère, et pour la société elle-même aux yeux de qui l'exemple donné va porter atteinte à la sainteté du Mariage, à celle même de la famille. Qui élèvera ces malheureux enfants dont le père et la mère n'ont pu vivre ensemble? Celui des deux époux à qui on les confiera les aimera-t-il, et ne fera-t-il pas retomber sur eux une partie de la haine qu'il a conçue pour l'autre ? Si un nouveau Mariage oblige ces enfants à entrer dans une nouvelle famille, quelle place y occuperont-ils parmi d'autres enfants à qui toute la tendresse des parents sera assurée ? Comment réglera-t-on leurs droits d'héritage après la mort des parents, sans faire naître une foule de débats capables de troubler la paix et l'union des familles ?

« Il est triste, assurément, de condamner deux individus à rester malheureux toute leur vie, quand on pense qu'il suffirait d'un mot pour leur rendre la liberté et leur permettre de chercher le bonheur dans une nouvelle union ; mais si cela n'était possible qu'en portant un coup funeste à l'institution même de la famille. qui a toujours été regardée comme le fondement le plus solide de la société, ne serait-on pas fondé à dire : Mieux vaut encore le malheur de deux individus que le risque d'ébranler la société en avilissant la famille ! »

Le Divorce a pour adversaires les plus hautes célébrités de l'ordre judiciaire et de l'ordre religieux, quoique peut-être il y ait quelque exagération dans les arguments qui viennent d'être produits, et qu'il soit possible d'en ajouter d'autres à l'appui de la thèse contraire. Mais tout bien pesé, encore une fois, le salut de la société doit primer celui de quelques couples mal assortis. En effet, quelle promiscuité de conditions et de familles, et quelle confusion dans les successions si le Divorce était inscrit dans nos lois ! On verrait bien des maris corrompus qui, voyant se faner si vite la beauté d'une jeune épouse. naguère encore si jolie, s'autoriseraient d'un tel changement pour caresser des projets d'une nouvelle alliance.

« Le Divorce, a dit Hennequin, intervient comme une chance fatale dans tous les projets de la vie pour en arrêter l'élan : dans tous les mouvements du cœur pour les refroidir ; dans toutes les paroles d'amour pour y jeter quelque chose de contestable. A-t-on bien calculé tous les ravages que peut exercer dans le sein d'un mari cette idée, que toute Femme qui s'offre à ses yeux est une épouse possible... »

Si, cependant, la vie commune devient absolument insupportable à l'un des époux, il reste la ressource de la séparation de corps, qui est loin d'avoir les inconvénients du Divorce.

« Le Divorce, dit encore Hennequin, est le père de la ruse et du mensonge. Il corrompt les voies de la justice. Tout est souvent faux et trompeur dans une instance en Divorce, parce que là il s'agit de changer de Mariage ; tout est vrai, tout est légal, du côté de l'épouse du moins, dans une instance en séparation, où l'on ne peut se promettre que de changer de malheur. »

Troplong fait remarquer d'ailleurs que « ce n'est pas au peuple que s'adresse le Divorce. Il n'y a guère d'exemples qu'il en ait usé. Le Divorce est plutôt recherché par les esprits blasés ou inquiets ; par ces existences oisives, tourmentées et romanesques, qui font tourner contre leur propre bonheur la culture de leur intelligence, et se rendent malades par où d'autres ont coutume de guérir. »

« Le pouvoir politique, dit de Bonald, n'intervient, par ses officiers, dans le contrat d'union des époux, que parce qu'il y représente l'enfant à naître, seul objet social du Mariage.

« L'engagement conjugal est donc réellement formé entre trois personnes, présentes ou représentées.

« L'engagement formé entre trois ne peut donc être rompu par deux, au préjudice du tiers, puisque cette troisième personne est, sinon la première, du moins la plus importante ; que c'est à elle seule que tout se rapporte, et qu'elle est la raison sociale de l'union des deux autres ; le père et la mère qui font Divorce, sont réellement deux forts qui s'arrangent pour dépouiller un faible, et l'État qui y consent est complice de leur brigandage. »

Dans les choses les plus graves, il y a presque toujours un côté plaisant. C'est pourquoi nous terminerons ce chapitre par le rappel d'une ancienne coutume suisse bien singulière. Le mari et la femme qui demandaient à divorcer devaient être renfermés pendant huit jours en tête-à-tête dans une chambre où il n'y avait qu'une table, qu'une chaise et qu'un lit; leur action n'était recevable qu'après cette épreuve. On attribue une grande efficacité à cette précaution, et l'on prétend que presque tous les couples sortirent réconciliés avant la fin de l'épreuve.

# CHAPITRE NEUVIÈME

## APRÈS LA FÉCONDATION

Après la Fécondation commence l'évolution du produit de cette grande fonction.

Ce produit varie suivant qu'il appartient au règne végétal ou au règne animal.

Dans le règne végétal, c'est la Fructification qui succède à la Fécondation ; dans le règne animal, c'est l'Incubation ou la Gestation, selon l'espèce.

Chez l'espèce humaine, la Gestation se nomme Grossesse : elle fera le titre d'un chapitre à part.

### SECTION Ire.

#### FRUCTIFICATION.

Nous avons très-peu de choses à dire de cette

phase de la vie des Végétaux. Si nous nous en occupons, c'est pour montrer une fois de plus l'unité de plan de la nature et l'analogie des divers modes de reproduction.

La Fructification peut être définie : l'accroissement d'un ovaire fécondé ou d'un ensemble d'ovaires fécondés et soudés ensemble : c'est là le Fruit.

Ce Fruit a pour rôle la reproduction du Végétal auquel il appartient. L'utérus gravide, c'est-à-dire qui renferme le produit de la conception, peut être considéré, au sens rigoureux, comme un Fruit.

En effet, le fruit du Végétal est formé de trois parties essentielles qui sont, en procédant de l'intérieur à l'extérieur : 1° la graine ; 2° le péricarpe, qui est son enveloppe propre ; et 3° la partie plus ou moins charnue, épaisse, lisse ou hérissée, etc., qui contient le tout, et qui n'est autre chose que l'ovaire développé, hypertrophié (poire, pomme, etc.)

Le fruit de l'Animal représente les analogues de ces trois parties : 1° l'embryon ou fœtus ; 2° les membranes (chorion et amnios) qui l'enveloppent ; 3° la matrice hypertrophiée, qui, au point de vue de notre comparaison, représente l'ovaire.

Nous disons que l'ovaire accru, hypertrophié, constitue la partie succulente des fruits proprement dits, tels que la pomme, la poire, la pêche, l'abricot, etc. Il y a des fruits dont cette partie est hérissée (châtaigne, marron, etc.), ou très-mince, effacée, (blé, orge, avoine), dans lesquels elle se confond avec l'épisperme.

Le fruit proprement dit, celui du poirier, du pommier, de la vigne, etc., est, à proprement parler, le pepin ; celui du pêcher, du cerisier, est le noyau, etc., etc. Pourquoi ? Parce que ce sont ces pepins, ces noyaux, qui seuls contiennent l'amande, c'est-à-dire la semence qui doit reproduire l'embryon auquel succède le Végétal.

L'*amande* est composée du périsperme déjà nommé, encore appelé *endosperme* ou *albumen*, et de l'*embryon*.

Dans l'embryon, on distingue la *radicule*, qui donne naissance à la racine, la *gemmule* ou *plumule*, qui doit produire toutes les parties de la plante tournées vers la lumière, et le corps *cotylédonaire*.

La plupart des graines présentent une citatrice appelée *hile* qui est le point où l'ovule était attaché au placenta, comme dans les petits pois, les haricots, etc.

On distingue les fruits, d'après leur origine, en fruits *simples* ou *indivis*, qui proviennent d'un pistil unique (cerise, pêche, etc.), et en fruits *multiples* qui proviennent de plusieurs pistils réunis et souvent soudés ensemble, mais provenant de fleurs

20

distinctes, comme la mûre, l'ananas, la pomme de pin. On les distingue encore, d'après la nature du péricarpe, en *secs et charnus*; d'après leur mode de dissémination, en *déhiscents* et *indéhiscents*; et, d'après le nombre de graines qu'ils contiennent, en *olispermes* et *polyspermes* (1).

## SECTION II.

### INCUBATION.

L'Incubation est le temps que mettent les Oiseaux à couver leurs œufs jusqu'au moment de l'éclosion. Nous avons dit ce qu'est l'Œuf, avant et pendant l'incubation, nous y renvoyons le lecteur. (V. p. 83.) Les seules remarques que nous croyons devoir faire ici sont les suivantes :

La durée d'incubation dans les Oiseaux domestiques est de 19 jours pour le *pigeon;* 21 jours pour la *poule;* 20 à 25 jours pour le *faisan;* 27 à 30 jours pour le *canard*, l'*oie* et le *cygne;* 30 à 32 jours pour la *dinde* et la *paonne* Pour les Oiseaux de basse-cour, une chaleur de 36 à 40° peut

(1) Pour plus de détails, voir notre *Traité des Plantes* précédé d'un *Cours de Botanique;* et en ce qui concerne la gestation, voir notre *Anthropologie*.

remplacer l'Incubation. On sait qu'on fait éclore des œufs de poule ou de pigeon dans un four ou une étuve suffisamment chauffée.

Le nombre d'œufs par couvée varie selon l'espèce : ainsi, tandis qu'il est généralement de 2 pour le pigeon, il peut être de 12 à 15 pour la poule et la cane.

On peut faire couver toute espèce d'œufs aux Oiseaux domestiques. Rien n'est commun comme de donner des œufs de cane ou de dinde à couver à la poule, qui accepte facilement tous les œufs qu'on lui donne. Il faut avoir soin d'abriter et de bien nourrir les *couveuses*. On sait que les temps d'orage sont fréquemment mortels pour les couvées.

## SECTION III.

### GESTATION.

Considérée chez les Animaux domestiques, la Gestation ou *Portée* doit être étudiée sous le triple rapport de ses signes, de sa durée et des soins qu'elle exige.

Nous n'avons rien à dire concernant les signes de la Gestation, ce sujet étant du domaine de la médecine vétérinaire. Mais il n'est pas sans intérêt de consacrer quelques lignes aux deux autres points.

*Durée de la Gestation.* — Elle est en moyenne pour les solipèdes (jument, anesse) de 330 jours ou 11 mois et quelques jours; de 270 jours ou 9 mois pour la *vache;* de 150 jours ou 5 mois, *brebis* et *chèvre;* de 120 jours, *truie;* de 30 jours, *lapine;* de 60 jours, *chienne:* de 55 jours, *chatte:* de 21 jours, *cabiais.*

*Soins.* — Ils sont de deux ordres : les uns concernent la mère et ont pour but de la maintenir en bonne santé; les autres regardent plus spécialement le produit, en ce sens qu'ils doivent tendre à conduire la Gestation à bonne fin. C'est à une bonne hygiène qu'il faut les demander. Ménager le travail de l'Animal, le préserver des intempéries, mesurer convenablement la nourriture. Il est souvent utile de saigner les vaches pleines vers le 6e ou 7e mois, surtout celles qui, encore jeunes, sont nourries abondamment et prennent beaucoup de graisse. Quelques heures d'exercice par jour, dans les derniers moments de la Gestation sont un bon moyen pour prévenir les paralysies et faciliter la parturition.

# CHAPITRE DIXIÈME

## GROSSESSE.

La Grossesse est l'état de la Femme qui a conçu et porte dans son sein le produit de la conception. Cet état se termine par l'Accouchement ; sa durée totale est de 270 jours ou 9 mois solaires.

La Grossesse se distingue en *normale* ou *utérine*, celle dans laquel l'ovule parcourt le trajet de la trompe pour venir se développer dans l'utérus ; et en *fausse* ou *extra-utérine*, celle dans laquelle l'ovule s'arrête dans la trompe ou se développe en un autre point que l'utérus, dans la cavité abdominale par exemple.

Nous ne dirons rien des grossesses extra-utérines, qui sont rares d'ailleurs, si ce n'est qu'on leur attribue pour causes un rétrécissement, un embarras du conduit de la trompe, une émotion morale vive, comme la frayeur au moment de l'imprégnation. L'œuf se développe sous forme de kyste, en empruntant aux organes où il s'est fixé les éléments de sa nutrition ; mais au bout de 2 à 4 mois ce kyste se rompt et vide son contenu dans la cavité abdominale, d'où accidents de péritonite ; ou bien le fœtus mort subit, soit la dégénérescence graisseuse, soit une sorte d'incrustation de sels calcaires, et se transforme en un corps dur inaltérable, qui ne gêne la Femme que par son poids et la déformation qu'il imprime au ventre. D'autres fois, il se décompose, et amène une inflammation, un abcès, qui rejette avec le pus les débris du cadavre. Aussi la terminaison de la Grossesse extra-utérine est-elle le plus ordinairement fatale à la mère.

Revenons à la Grossesse normale. Elle nous offre à étudier deux ordres principaux de phénomènes : 1° les phénomènes relatifs au produit de la conception, au fœtus ; 2° les phénomènes relatifs à la Femme ; puis enfin l'hygiène de la Grossesse.

## SECTION 1re.

### PHÉNOMÈNES RELATIFS AU PRODUIT DE LA CONCEPTION EMBRYOLOGIE.

On donne le nom d'Embryologie à l'étude des phénomènes d'évolution successive par lesquels l'ovule, c'est-à-dire une simple cellule, se transforme en définitive en un être complet, semblable à ceux qui l'ont procréé.

Cette définition, que nous empruntons au *Traité de la génération* de David Richard, s'applique à la reproduction des ovipares comme à celle des vivipares.

Or, nous avons décrit précédemment l'*œuf* considéré en général, principalement l'*œuf de poule* pris comme type (V. P. 83.) ; plus loin, nous avons étudié l'*œuf humain* (P. 160.) : si bien que nous ne devons ici considérer ce dernier qu'à partir du moment où il se loge dans la matrice.

L'ovule, qui, pendant son trajet dans la trompe de Fallope, s'est nourri par simple imbibition, aux dépens des liquides albumineux qui baignent ce canal, rencontre dans l'utérus, au moment où il y arrive, une muqueuse très-hypertrophiée, dans l'un des plis de laquelle il se loge, comme dans un nid, mais les bords de ce nid vont bientôt l'entourer complètement et former plus tard la *membrane caduque*, laquelle est l'enveloppe la plus externe de l'embryon.

Ensuite l'ovule forme lui-même les membranes appelées *chorion* et *amnios*, lesquelles vont lui fournir un appareil régulier d'*absorption*.

« Par un phénomène particulier d'involution, l'amas cellulaire qui va devenir corps de l'embryon s'enfonce vers le centre de la cavité vitelline, en entraînant avec lui la portion de membrane vitelline correspondante. Il en résulte, à ce niveau, une dépression analogue à celle que l'on produirait sur une sphère de pâte en y appuyant la pulpe du doigt : le fond de cette dépression est occupé, cela résulte des faits précédents, par le corps de l'embryon ; mais les bords de cette dépression s'élèvent de plus en plus et tendent à se joindre, pour se confondre en un orifice de plus en plus petit, comme l'ouverture d'une blague à tabac ou d'une bourse, ouverture qui se fronce à mesure que l'on tire sur les cordons destinés à la fermer.

« Bientôt cet orifice s'efface lui-même tout à fait, et la dépression primitive se trouve transformée en une cavité close, en une poche, au fond de laquelle se développe l'embryon. Cette poche se remplit de liquide exsudé par ses parois. »

Telle est l'origine de la *poche amniotique* ou *membrane amnios* et du *liquide amniotique* dans lequel est baigné et comme suspendu le fœtus, mis ainsi à l'abri des chocs violents.

Entre la *caduque* et l'*amnios* se forme une autre membrane, le *chorion*, déjà nommé.

La *vésicule ombilicale* est un organe de la plus haute importance pour les embryons d'Oiseaux, auxquels il fournit, pendant toute la durée du développement, une provision de nourriture qu'absorbe un appareil circulatoire particulier : mais cette vésicule ombilicale joue un très-faible rôle dans l'œuf humain : elle disparait de bonne heure, comme l'appareil circulatoire dont il vient d'être parlé, attendu que l'embryon établit bientôt des rapports directs de circulation avec la mère au moyen du placenta.

Le *Placenta* se forme comme il suit : au point où l'œuf est en contact avec les parois de l'utérus, le chorion devient épais, vasculaire, et acquiert un développement extraordinaire : c'est une masse charnue parsemée de saillies (appelées *cotylédons*), en communication avec pareilles inégalités de l'utérus hypertrophié ; c'est enfin une espèce de gâteau circulaire qui reçoit en abondance des vaisseaux sanguins appartenant à la mère.

La face du placenta qui regarde le fœtus renferme les ramifications des vaisseaux allantoïdiens, lesquels plongent dans la portion de ce même placenta qui est en rapport avec l'utérus : de telle sorte que cette masse charnue est le lieu des échanges nutritifs entre l'organisme fœtal et l'organisme maternel. Le sang du fœtus vient s'enrichir, par endosmose, de matériaux puisés dans le sang de la mère, matériaux qui vont au produit de la conception par la veine ombilicale qui fait partie du cordon, pour retourner à la mère par les artères de ce même cordon, lequel pénètre dans le corps du Fœtus par une ouverture qui formera plus tard la cicatrice ombilicale. (Voir la planche II, et la légende en regard expliquant la *Circulation fœtale.*)

Nous n'indiquerons pas ici par quelles métamorphoses successives se constituent les organes du fœtus : cette étude exige des connaissances spéciales en anatomie et en physiologie, et d'ailleurs elle n'offre aucun intérêt pratique ; mais nous suivrons l'embryon dans ses progrès de développement, de poids et de perfection les plus importants.

L'Embryon humain n'a que 2 millimètres de longueur douze jours après la fécondation.

Il est long de 30 millimètres et pèse 2 gr. 50

quarante jours après la fécondation. A cette période, on peut distinguer une grosse extrémité qui forme la moitié du corps quant à la masse : c'est la tête, où l'on voit deux points noirs qui sont les rudiments des yeux, et une fente transversale qui indique la bouche. Les quatre membres ne se dessinent encore que comme quatre papilles à peine saillantes et informes. Le cordon ombilical s'insère tout près de l'extrémité inférieure du corps.

Vers la fin du deuxième mois, l'embryon a environ 45 millimètres. La tête se dessine mieux ; un sillon, qui sera le cou, la sépare du tronc. On voit la main apparaître, mais très longue et formant la presque moitié du membre supérieur. Les organes génitaux se dessinent par une fente qui ne donne pas encore le caractère du sexe.

A trois mois, l'embryon, — qui prend alors le nom de Fœtus,— est parfaitement formé. Il mesure 13 à 15 centimètres et pèse environ 80 grammes. La tête est nettement dessinée ; les membres sont detachés du corps, mais fléchis sur le tronc ; le pavillon de l'oreille apparaît.

A six mois, le fœtus est long de 33 centimètres ; il pèse 1 kilogramme ; la tête présente des cheveux : l'extrémité des doigts, des ongles.

A sept mois, le petit être est de 2 kilogrammes et sa longueur de 40 centimètres. La peau est couverte de matière sébacée: les organes intérieurs, squelette, viscères, sont assez développés pour que l'Enfant naisse viable.

Mais ce n'est qu'à neuf mois qu'il est à terme, c'est-à-dire arrivé au degré de développement qui lui permet de respirer librement dans l'air et d'assimiler une nourriture appropriée à ses organes délicats, le lait. Alors sa longueur est de 46 à 50 centimètres, et son poids de 3 kil. 500 (soit 7 livres). Les membres inférieurs, bien développés, forment le tiers de la longueur du corps.

## SECTION II.

### PHÉNOMÈNES RELATIFS A LA FEMME.

L'utérus, par le fait même de la fécondation et par la présence du fœtus, est le siége d'un mouvement nutritif particulier : son volume s'accroît avec sa cavité; son tissu propre change de nature, il devient tout à fait musculaire; ses parois s'épaississent ainsi que sa muqueuse; sa forme devient sphérique, et sa position change.

Pendant les trois premiers mois, l'utérus est encore plongé dans la concavité du sacrum, où son fond se renverse un peu, se portant à droite à cause du rectum. Il résulte de là que le col est dirigé un peu en bas, en avant et à gauche. A quatre mois. l'utérus est élevé de deux à trois travers de doigt au-dessus du pubis ; à cinq mois, il est à un travers de doigt au-dessous de l'ombilic ; à six mois, un au-

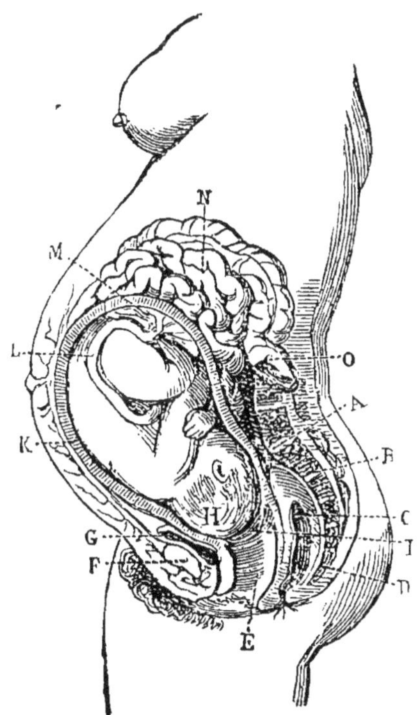


Etat des organes au moment où le col est à peu près entièrement dilaté, la poche des eaux fait saillie dans le vagin et la tête s'engage.

A et B, vertèbres lombaires et sacrum. C, rectum dont une portion de paroi est enlevée, ce qui en laisse voir l'intérieur. D, coccyx. E, intérieur du vagin. F, symphyse du pubis. G, vessie. H, tête du fœtus en première position. I, poche des eaux. K, paroi de la matrice. L, cordon ombilical. M, placenta. N, intestin grêle. O, gros intestin.

GROSSESSE ET ACCOUCHEMENT COMMENCÉ.

dessus ; à sept mois, trois : à huit mois, quatre ou cinq. Dans le commencement du neuvième mois, l'utérus s'élève encore, mais, dans la dernière quinzaine, il s'abaisse un peu, la tête du fœtus s'engageant dans l'excavation. En s'élevant, l'utérus suit la direction de l'axe du détroit supérieur et se porte en avant à cause de la saillie de la colonne lombaire. Son col s'épaissit et présente un ramollissement qui augmente par degrés ; il conserve ses longueurs jusqu'à la dernière quinzaine ; mais, à ce moment, il s'efface de plus en plus et son extrême minceur indique que le commencement du travail de l'accouchement est proche.

Le ventre augmente de volume, cela va sans dire ; mais dans le premier mois, cette augmentation est due à la présence de gaz ; quelquefois, au contraire, le ventre est plus plat qu'auparavant, ce qui a donné lieu à ce dicton : « *A ventre plat, enfant il y a.* » C'est à partir de trois mois et demi que la saillie du ventre se fait régulièrement jusqu'au terme. Alors la peau abdominale est distendue et marquée de vergetures brunes, la dépression abdominale a disparu. La Femme éprouve de la difficulté à marcher à cause du relâchement des symphyses du bassin, et elle se tient un peu renversée en arrière pour maintenir l'équilibre rompu par le poids de l'utérus gravide porté en avant. Ses fonctions sont troublées par la pression qu'exerce cet organe distendu sur l'estomac, sur les poumons et le cœur, en refoulant le diaphragme en haut ; sur la vessie, le rectum, en ressant dessus, etc. : de là, inappétence, dégoût d'aliments, goûts bizarres, nausées, vomissements, palpitations, gêne de la respiration, toux, congestion céphalique ; de là, rétention d'urine, constipation, etc.

La circulation est activée, le pouls plus fréquent. Tantôt il se produit une *pléthore sanguine* et le sang tiré de la veine offre un caillot volumineux et recouvert d'une couenne ; tantôt au contraire le sang devient moins riche, plus séreux, le caillot en est plus petit, quoique couenneux encore. Ce dernier état constitue la *pléthore séreuse*.

La sécrétion urinaire présente certaines altérations ; les reins, congestionnés mécaniquement ou par une action vitale particulière, sécrètent souvent une urine qui contient de l'albumine en plus ou moins grande quantité ; or cet état s'accompagne presque toujours d'hydropisie du tissu cellulaire et d'autres accidents tels que l'éclampsie, l'accouchement prématuré, etc.

Ajoutons enfin que la Grossesse affecte les fonctions sensoriales ; elle cause une certaine irritabilité générale, un changement d'humeur, de l'inquiétude, de la tristesse, une aversion pour le mouvement. Les troubles nerveux peuvent même se transformer en monomanie et priver la patiente de son libre arbitre. Les excentricités de caractère, les actes répréhensibles, criminels même, ne sont pas très-rares commis par les Femmes enceintes.

Quant au diagnostic de la Grossesse, il est loin d'être aussi sûr qu'on pourrait le croire, car on voit souvent des Femmes affirmer qu'elles sont enceintes, parce que leur ventre s'est développé, parce qu'elles sentent même, disent-elles, les mouvements de l'enfant, et qui ne le sont point. Ces fausses Grossesses sont dues à un développement de gaz excessif dans les intestins, dans la matrice, peut-être même dans le péritoine ; et quant aux prétendus mouvements du fœtus, il faut les rattacher à des contractions musculaires des parois du ventre.

Le palper du ventre et le toucher vaginal ne sont pas des moyens de diagnostic absolument certains ; ils peuvent induire en erreur, quoique la chose soit difficile pour un praticien instruit et exercé. Mais les signes indubitables consistent dans : 1° le mouvement de *ballottement* imprimé à l'œuf en frappant de bas en haut le corps de la matrice avec le doigt indicateur ; on sent ainsi quelque chose de mobile qui, cédant à l'impulsion qui lui est communiquée, retombe à la manière de tout corps mobile nageant dans l'eau ; 2° le second signe consiste dans le *bruit de souffle* qu'on entend dès le quatrième mois de la Grossesse lorsqu'on applique l'oreille sur l'abdomen. Ce bruit paraît avoir pour siége les gros vaisseaux sanguins utéro-placentaires. Un autre bruit, mais très-faible, peut être perçu : c'est celui des battements du cœur du fœtus ; il est comparable au tic-tac d'une montre.

En somme, à partir du cinquième mois, la Grossesse peut être reconnue à des signes certains ; mais jusque-là la certitude ne peut être obtenue que difficilement. Ces signes, répétons-le, sont : le ballottement, qui peut être perçu à partir de quatre mois et demi, les mouvements du fœtus, sentis vers la même époque, surtout les battements de son cœur et le bruit de souffle placentaire.

## SECTION III.

### HYGIÈNE DE LA GROSSESSE.

La Grossesse, quoique étant un état physiologique, devient cause de souffrances nombreuses et même de maladies pour la Femme. Celle-ci doit respirer un air pur et abondant, éviter les émotions morales, les secousses corporelles. Les époques qui correspondent au retour de ses règles doivent lui faire redoubler de précautions. Les périodes correspondant à la troisième et à la septième menstruation supprimée sont des moments plus spécialement dangereux, parce que l'expérience a montré que l'avortement a le plus fréquemment lieu à trois mois, et l'avortement prématuré entre le septième et le huitième mois. Une *ceinture* appropriée doit soutenir le ventre.

Les *envies* du début ne doivent pas être contrariées, à moins qu'elles ne portent la Femme à faire usage de substances nuisibles ou à commettre des actes répréhensibles.

Aux accidents déterminés par la *pléthore sanguine*, on oppose la saignée, qui les fait ordinairement disparaître. Mais ils sont souvent confondus avec ceux que produit la *pléthore séreuse*, laquelle repousse toute évacuation sanguine et, au contraire, appelle l'usage des ferrugineux.

Nous n'avons pas à nous occuper des états pathologiques proprement dits que détermine quelquefois la Grossesse, tels que les hydropisies ou infiltrations séreuses des jambes, des cuisses, du tronc même ; l'éclampsie, affection grave ; l'hydropisie de l'amnios, les hémorrhagies utérines, les hémorroïdes, etc.; c'est au médecin à en connaître.

Mais une question délicate se présente et doit être abordée. C'est celle des *rapprochements sexuels pendant la Grossesse*.

Pourquoi les Femmes acceptent-elles les hommages de leurs maris lorsqu'elles sont enceintes, tandis que dans une position semblable les femelles des animaux fuient l'approche des mâles? On cherchait à résoudre la question devant Fontenelle. Chacun donnait son argument. Santeuil gardait le silence, quelqu'un l'interpella : — Et vous, monsieur Santeuil, qu'en pensez-vous? — Ma foi; dit en riant Santeuil, je ne connais d'autre raison que les uns sont raisonnables et les autres des bêtes.

Puisqu'enfin l'espèce humaine n'est pas la plus raisonnable, il faut lui répéter qu'il est nécessaire que les rapports sexuels aient lieu rarement et avec les plus grands ménagements lorsqu'il y a grossesse; que l'abstention doit devenir aussi complète que possible vers les époques que nous avons précédemment indiquées comme plus dangereuses.

Manquer de suivre ces conseils, c'est s'exposer à provoquer l'avortement ou l'accouchement prématuré.

L'*Avortement* étant un état pathologique, et trop souvent le résultat de manœuvres criminelles, nous ne nous en occuperons pas. Nous renvoyons le lecteur à notre *Anthropologie*, où la physiologie et la pathologie des fonctions de génération sont traitées avec des développements suffisants pour l'intelligence des sujets en question.

Parlerons-nous de la *Superfétation?* La possibilité qu'un Femme puisse concevoir au milieu d'une

Grossesse est très-contestée. Les cas cités peuvent être rapportés à des Grossesses doubles, dans lesquelles un des fœtus, mort avant terme, s'est conservé dans les membranes jusqu'au moment de la naissance de celui qui avait continué de vivre, ou à des Grossesses de jumeaux inégalement développés et nés à des termes différents.

Une double conception, à peu de moments d'intervalle, est possible, d'après le fait suivant cité par Buffon : Une femme ayant eu des rapports le même jour avec un blanc et un nègre accoucha de deux enfants de couleur différente.

Chez un grand nombre d'Animaux, l'utérus est séparé en deux moitiés distinctes, en deux cornes ; chez la Femme, cette particularité ne pourrait-elle se montrer exceptionnellement ? Dans ce cas, la Superfétation ne serait pas impossible. C'est ainsi sans doute qu'il faut expliquer cet autre fait :

« Benoîte Franquet accoucha, le 20 janvier 1780, d'une fille de 7 mois. Aucune des suites ordinaires de la Grossesse n'eut lieu. Cinq mois après ce premier accouchement, elle mit au monde une seconde fille à terme. » (Sédillot, *Manuel de médecine opératoire.*)

# CHAPITRE ONZIÈME

—

## ACCOUCHEMENT

L'Accouchement est l'acte par lequel le produit de la conception est expulsé de l'utérus au terme normal de la grossesse.

Quand ce terme est avancé ou retardé, l'Accouchement est dit *prématuré* ou *tardif*. L'Accouchement tardif peut n'avoir lieu qu'à neuf mois et demi et même dix mois ; mais cela est très-rare.

Selon qu'il se fait par les seules forces de la nature ou qu'il exige l'intervention de l'art, l'Accouchement est appelé *naturel* ou *non naturel* ; *laborieux* et *contre nature*, lorsque le fœtus présente au passage une autre partie que la tête.

Nous ne décrirons que l'Accouchement *naturel*,

qui se présente d'ailleurs quatre-vingt-dix-huit fois sur cent; après quoi nous passerons à la *Délivrance.*

## § 1er. — *Accouchement naturel.*

L'Accouchement est un acte physiologique, et comme tel il doit être, il est en effet une fonction qui, dans l'immense majorité des cas, peut se passer de toute intervention étrangère.

L'expulsion du Fœtus a pour agents essentiels : 1° les contractions des parois musculaires de la matrice, qui agissent seules dans la première moitié du travail ; 2° les contractions des muscles abdominaux, qui s'ajoutent aux premières dans la seconde période. Le produit de la conception n'est pour rien dans ces efforts ; il reste tout à fait passif, malgré ce qui a été dit à cet égard.

Lorsque le Fœtus est arrivé au degré de développement qui lui permet de vivre hors du sein maternel, l'heure de l'Accouchement a sonné, le travail commence. Toutefois, ce travail est précédé, quelques jours à l'avance, de phénomènes précurseurs, tels que : abaissement sensible de l'utérus, diminution dans la gêne de la respiration ; mais, par contre, il survient un peu plus de pesanteur, des envies d'uriner plus fréquentes, de la fatigue plus grande, etc., car le globe utérin presse davantage sur les organes situés dans le bassin. En outre, vers l'approche du moment suprême, il se manifeste un écoulement muqueux marqué de stries de sang, lesquelles indiquent que déjà le placenta commence à se décoller; puis enfin des contractions douloureuses de l'utérus, courtes et intermittentes, annoncent le commencement du travail.

Ces douleurs, appelées *coliques*, *mouches*, se manifestent quelquefois quinze jours, trois semaines avant le terme, pour cesser et ne revenir qu'au moment où se déclarera le véritable travail.

Le travail de l'Accouchement est divisé, par les accoucheurs, en trois temps, deux pour l'expulsion du Fœtus, le troisième pour l'expulsion du placenta. Nous trouvons, nous, trois temps pour le premier travail, et voici les phénomènes qui correspondent à chacun d'eux.

*1er temps.* — Les douleurs s'accentuent, deviennent plus régulières et plus fréquentes, quoique encore relativement faibles; elles sont dites *préparantes;* le col de l'utérus s'entr'ouvre, le bourrelet que forment les lèvres du museau de tanche s'efface.

*2e temps.* — Les douleurs préparantes sont plus fortes; sous leur influence, qui correspond toujours aux contractions des parois utérines, les membranes de l'œuf commencent à former ce que l'on nomme la *poche des eaux*, laquelle s'engage dans l'ouverture du col et contribue à son élargissement, à sa *dilatation*, selon l'expression consacrée. (V. fig., p. 361.)

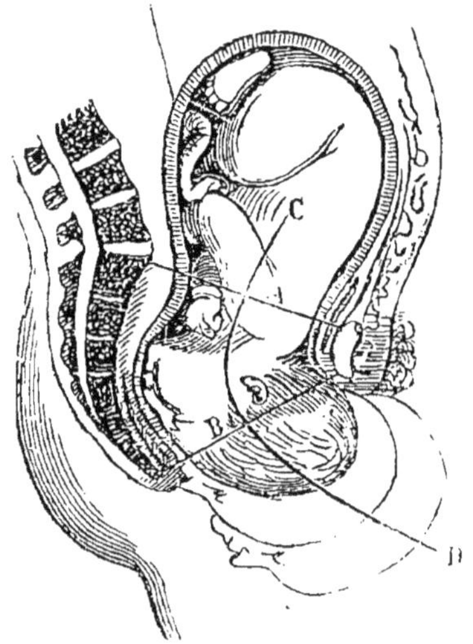


La tête est engagée dans le détroit inférieur et prête à le franchir. Pressée de toutes parts, elle s'allonge un peu en cône pour faciliter son passage ; et lorsqu'elle est au dehors, elle remonte vers le pubis comme l'indiquent les traits expliquant ses positions successives.

A, ligne mesurant le diamètre du détroit supérieur ou sacro-pubien. B, détroit inférieur. CD, ligne courbe indiquant la direction de la résultante des forces qui agissent sur le fœtus.

LA TÊTE PRÊTE A FRANCHIR LE DÉTROIT INFÉRIEUR.

Cette dilatation du col se fait plus ou moins lentement, selon que les douleurs sont plus ou moins fortes et fréquentes ou faibles et rares. Mais parfois ces mêmes douleurs, quoique fortes, ne font faire aucun progrès au travail ; elles se font sentir alors principalement dans la région lombaire *(douleurs de reins)*, et fatiguent considérablement la Femme.

qui ne sait trouver ni bonne position, ni repos, bien qu'elle éprouve une grande tendance au sommeil.

3e *temps.* — Enfin le col s'est suffisamment dilaté pour que la tête puisse le franchir; la poche des eaux s'est généralement rompue, et cette rupture, en laissant écouler une certaine quantité des eaux de l'amnios, donne plus de force aux contractions utérines, qui agissent sur un globe diminué de diamètre.

La tête de l'enfant est descendue dans le petit bassin et se présente à l'ouverture vulvaire. C'est alors que les douleurs changent de nature; elles étaient anxieuses, vives, sans grande action sur l'œuf, elles vont devenir pressantes et vont provoquer la Femme à pousser, comme malgré elle, au moyen de la mise en jeu de ses muscles abdominaux : ces douleurs ont reçu le nom d'*expultrices.* Il y a dans ce phénomène d'expulsion, au dernier temps de l'Accouchement, association d'une douleur acceptée à un besoin instinctif dont la satisfaction promet, comme toutes les autres, un certain plaisir.

Dans l'Accouchement naturel, dont nous venons de rappeler les phases les plus ordinaires, l'accoucheur reste simple spectateur de la marche du travail ; il s'assure seulement de ses progrès par le toucher vaginal ; il suit ceux de la dilatation du col, il dirige les efforts de la Femme, et au moment où la tête se présente au passage externe, il soutient le périnée.

Nous l'avons déjà dit. L'Accouchement se fait naturellement et sans secours direct étranger quatre-vingt-quinze fois sur cent au moins. Mais il n'est pas moins nécessaire de savoir que des accidents de plusieurs sortes peuvent survenir, retarder, entraver et même arrêter tout à fait la marche du travail. Ces accidents sont l'hémorrhagie, qui peut offrir une gravité inquiétante, l'éclampsie, qui compromet la vie de l'enfant et qui nécessite souvent l'Accouchement forcé dont le premier temps consiste dans la rupture prématurée des membranes. — Les douleurs irrégulières, anxieuses, peuvent être rendues plus naturelles et efficaces au moyen de la saignée, du bain, etc. — Lè défaut de contractions utérines, de *douleurs* autrement dit, peut être combattu par des frictions faites sur le ventre, et au besoin par l'administration de 1 gramme de poudre de seigle ergoté. Quelquefois leur suspension tient simplement à une émotion, à une contrariété éprouvée par la Femme.

Lorsque la partie du Fœtus qui se présente est autre que la tête, l'Accoucheur doit opérer la *version*, c'est-à-dire introduire la main dans les organes de la mère, afin d'aller chercher, non pas la tête, mais les pieds, et les ramener au dehors. —

Quant à l'emploi du *forceps*, on y a recours pour faire franchir à la tête l'ouverture vulvaire, lorsque la Femme s'épuise en efforts impuissants.

Mais ces cas exceptionnels ne doivent pas nous occuper davantage. Quant à l'Accouchement naturel, nous avons dû n'en donner qu'une description, sommaire, sans entrer dans les explications relatives aux mouvements divers de la tête descendant du grand bassin dans le petit et se présentant en dernier lieu à la vulve. Pour cette étude, il faut la connaissance exacte de la conformation du bassin chez la Femme, des dimensions de la tête du Fœtus à terme, et posséder des notions suffisantes de pathologie générale.

### § 2. — *Délivrance.*

L'Enfant sorti du sein de sa mère, tout n'est pas fini : il reste dans la matrice les annexes de l'œuf, les enveloppes du Fœtus et le *placenta*, encore appelé *délivre*, *arrière-faix*, parce que ce n'est qu'après son expulsion que la Femme peut se dire délivrée.

La Délivrance est précédée de la section du cordon ombilical qui unit l'enfant à sa mère : cette section se fait à 5 ou 6 centimètres de l'ombilic de cet enfant, après qu'on a appliqué une ligature sur le bout qui doit appartenir à ce dernier, qui, désormais, doit vivre par la respiration et la digestion (1).

Débarrassée du Fœtus et des eaux dans lesquelles il nageait, l'utérus revient presque aussitôt sur lui-même, et alors commence comme un nouveau travail, mais qui n'est rien auprès du premier, et qui a pour but d'expulser le délivre avec les caillots de sang que son décollement a occasionnés.

Ce sont encore les contractions de l'utérus qui vont l'effectuer, et cela en trois temps : le décollement du délivre, son expulsion de l'utérus, et son expulsion du vagin. Pour favoriser l'accomplissement de ces deux derniers temps, l'Accoucheur exerce quelques tractions légères sur le cordon ombilical, d'abord dans l'axe de l'utérus, puis dans celui du vagin.

Quand, après la sortie de l'enfant et la section du cordon, les contractions douloureuses qui doivent présider à la délivrance se font attendre plus de quelques minutes, il faut exercer des frictions sur le ventre pour réveiller la tonicité des fibres utérines. Cela est d'autant plus important que, quand

(1) Dans notre *Anthropologie* on trouvera décrites toutes les fonctions du Fœtus renfermé dans le sein de sa mère et celles du nouveau-né s'habituant à la vie commune.

la matrice reste inactive, comme plongée dans une sorte de stupeur sans contraction, il s'ensuit presque inévitablement une perte de sang par les vaisseaux utéro-placentaires restés béants faute de ces contractions nécessaires. Des frictions, nous le répétons, quelques grains de seigle ergoté, voire même au besoin l'introduction de la main dans la matrice pour provoquer son réveil, sont les moyens à opposer à cet accident.

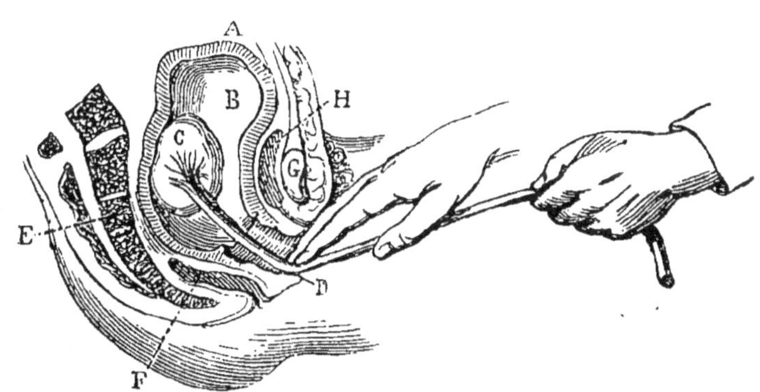


DÉLIVRANCE.

A, matrice. B, intérieur de la matrice. C, délivre ou placenta. D, cordon : point où les doigts de la main droite de l'accoucheur forment une sorte de poulie de renvoi tandis que la main gauche exerce des tractions. E, sacrum. F, rectum. G, pubis. H, vessie.

Mais il n'est pas le seul. Le placenta peut contracter des *adhérences* anormales qu'il faut détruire ; être *retenu* en partie ou en totalité dans l'utérus ; être *enchatonné*, etc. Dans ces deux derniers cas, il donne lieu à des hémorrhagies qui se renouvellent jusqu'à jeter la Femme dans l'anémie la plus profonde, si on ne la débarrasse pas du délivre encore retenu dans ses organes. En outre, il y a à redouter des accidents d'infection purulente résultant de la putréfaction du gâteau charnu en question.

# CHAPITRE DOUZIÈME

## LACTATION

Les Seins, un des plus beaux ornements de la Femme, que nous nous dispenserons de décrire, présentent, selon les personnes, une grande diversité de forme et de volume ; ces qualités tiennent simplement à la plus ou moins grande quantité de tissu cellulaire et graisseux qui forme leur masse, recouverte par une peau remarquable par sa finesse et sa blancheur, et qui laisse apercevoir, comme par transparence, les veines superficielles.

Les seins ne sont pas seulement un ornement, ils ont une mission plus élevée et plus noble : ils contiennent la *glande* (glande mammaire) qui doit élaborer la première nourriture de l'enfant, le *lait*. Cette glande, considérée sous le rapport anatomique, donne naissance à des canaux, au nombre de 12 à 16, nommés *conduits galactophores*, qui se rendent au *mamelon*, à la surface desquels ils s'ouvrent chacun par un petit orifice distinct.

Les mamelles, déjà augmentées de volume pendant les derniers mois de la Grossesse, deviennent le siége, après l'Accouchement, d'une sorte d'irritation sécrétoire dont le but est la sécrétion du lait, irritation qui détermine souvent dans l'organisme une réaction générale appelée *fièvre de lait*.

Le lait qui est sécrété dans les premiers jours qui suivent l'Accouchement est jaunâtre, épais et sucré : on lui donne le nom de *colostrum* : sa propriété principale est relâchante, et a pour effet d'amener l'évacuation du *méconium*, sorte de matière verdâtre, visqueuse, qui remplissait le tube intestinal du fœtus pendant la durée de la vie intra-utérine.

L'élaboration du lait devient bientôt parfaite, et alors ce liquide se compose de 8 à 9 parties d'eau, pour 1 à 2 parties de substances tenues en solution, telles que phosphates, carbonates, chlorures ; vient ensuite le *sucre de lait* et la *caséine*.

Le lait de vache contient moins de sucre mais plus de graisse (beurre) ; en l'étendant d'un peu d'eau et de sucre, on rapproche sa composition de celle du lait de Femme.

Même observation pour le lait de chèvre, qui

passe pour n'être pas en harmonie avec la puissance digestive du nouveau-né.

Le lait d'ânesse et celui de jument se rapprochent beaucoup du lait de Femme.

Le lait de brebis se distingue par une forte proportion de beurre.

De nombreuses influences agissent sur la quantité et la qualité du lait de Femme. L'âge de 20 à 30 ans est celui où le meilleur lait est fourni. Le lait de la femme brune est plus riche en principes nutritifs que celui de la blonde. Les impressions morales vives ou tristes influent défavorablement sur la qualité du lait. Il est superflu d'ajouter qu'une bonne hygiène et une nourriture abondante sont des conditions qui exercent une heureuse influence sur la sécrétion mammaire.

Toutefois, ils se trompent ceux qui, prenant une nourrice arrivant de la campagne où elle se nourrissait mal, mangeait rarement de la viande, était privée de vin la plupart du temps, n'ont rien de plus pressé que de la gorger d'aliments substantiels et de haut goût, de vin généreux, etc. Non, il faut une mesure : d'abord, la nourrice de cette catégorie ne doit pas passer brusquement d'un régime à l'autre quand il y a une telle différence entre les deux ; ensuite, ce n'est pas ce qu'elle mange qui lui profite, mais ce qu'elle digère. Avant tout, ne fatiguons pas l'estomac, et que la nourriture soit simple, saine, mêlée de maigre et de gras.

Les rapports conjugaux n'ont pas sur la sécrétion du lait l'influence fâcheuse qu'on lui a attribuée. Ils peuvent avoir lieu sans dommage à ce point de vue, pourvu qu'il n'y ait pas d'excès de commis et que la femme ne soit pas trop nerveuse ni trop excitable.

La Lactation est très-favorable à la Femme au point de vue de sa propre santé. Quand elle se dispense de l'allaitement, l'utérus reçoit un excès de stimulation par suite du repos auquel les mamelles sont condamnées : de là peut-être une des causes les plus puissantes des affections de matrice si communes, dans les grandes villes surtout. Pendant l'allaitement, la menstruation se suspend, la fonction ovarique demeure dans l'inaction, et c'est là une condition favorable pour la mère et pour l'enfant. Mais il ne faut pas croire que la sécrétion du lait soit altérée parce que la nourrice voit revenir ses règles avant la fin de l'allaitement : cela prouve, au contraire, qu'il y a chez elle une dose de vitalité fonctionnelle suffisante pour l'exercice de la double fonction.

La durée de l'allaitement est très-variable selon les circonstances et selon les pays. En général, c'est du douzième au treizième mois que le *sevrage* a lieu.

Ce mot *Sevrage* doit être pour nous le signal qui nous avertit de quitter la plume et d'abandonner l'Enfant et sa Mère à leur destinée respective.

FIN

FIGURE 1. — **Appareil génito-urinaire de l'Homme.**

Cette figure représente la moitié droite du bassin. La vessie et le rectum sont intacts. Un côté du scrotum est enlevé ; un des corps caverneux l'est aussi. Le gland est entier. Manque le rein.

1. Uretère, canal qui conduit l'urine du rein à la vessie. — 2. Vessie, réservoir de l'urine. — 3. Cordon ligamenteux soutenant la vessie. — 4. Testicule gauche enveloppé de ses membranes propres.— 5. Cordon spermatique : dans une partie de sa longueur, il est disséqué pour faire voir — 6. L'artère spermatique qui part de l'aorte et nourrit le testicule, et la veine spermatique, qui rapporte le sang qui a servi aux fonctions de ce testicule et à sa nourriture.—7. Canal déférent; il décrit une courbe en se rendant à — 8. La vésicule séminale gauche. — 9. Prostate. — 10. Canal de l'urètre dont on voit l'intérieur, sa paroi gauche étant enlevée. — 11. Verge ou Pénis. — 12. Cloison qui sépare les deux corps caverneux, dont le gauche a été enlevé.

A. Intestin grêle. — B. Rectum. — C. Vaisseaux iliaques.

FIGURE 2. — **Appareil génito-urinaire de la Femme.**

Cette figure représente la moitié droite du bassin. La vessie, la matrice, le vagin et le rectum sont divisés de haut en bas : c'est la moitié droite qui reste; on voit la face interne de ces organes.

1. Vessie. — 2. Canal de l'urètre. — 3. Clitoris. — 4. Grande lèvre. — 5. Entrée du vagin. — 6. Cloison recto-vaginale. — 7. Cloison vésico-vaginale. — 8. Col de la matrice. — 9. Matrice. — 10. Trompe de Fallope droite. — 11. Ovaire du côté droit.

## Anatomie du Fœtus

### ORGANES DE LA CIRCULATION FOETALE

Nouveau-né avec son placenta. Les parois de la poitrine et du ventre sont enlevées; le foie est relevé au moyen d'une érigne. On voit le cœur et les poumons, l'aorte, les vaisseaux du cordon, les veines caves et la veine porte

1. Placenta (face fœtale) : *a*, partie recouverte par le chorion; *b*, partie privée du chorion pour faire voir les vaisseaux; *c*, débris des membranes de l'œuf. — 2, 2, 2. Racines de la veine ombilicale. — 3. Veine ombilicale. — 4. Ouverture ombilicale laissant passer les vaisseaux du cordon. — 5. Veine ombilicale se rendant au foie. — 6. Branche de l'ombilicale pénétrant dans cette glande. — 7. Veine porte, s'anastomosant avec la Veine ombilicale. — 8. Canal veineux. — 9. Point où le canal veineux se jette dans la Veine cave inférieure. (La Veine hépatique ne se voit point sur cette figure.)— 10. Oreillette droite du cœur. — 11. Artère pulmonaire : on voit le commencement des deux branches qu'elle envoie aux poumons et qui sont petites chez les fœtus. — 12. Canal artériel. 13. Point où le canal artériel se jette dans l'Aorte. — 14. Aorte abdominale. — 15. Division de l'Aorte en Iliaques primitives. — 16. Division de l'Iliaque primitive en Iliaque interne et Iliaque externe, très-peu développées dans le fœtus. — 17 et 18. Artères ombilicales, formant le Cordon avec la Veine de même nom. — 20, 20, 20. Ramifications des artères ombilicales dans le placenta.

**Circulation et Respiration du Fœtus.** — La circulation pulmonaire n'a pas lieu chez le Fœtus vivant dans le sein de sa mère; le sang par conséquent ne passe pas par les poumons, lesquels sont peu développés et dans l'inaction.

Voici ce qui a lieu : Le sang, qui vient de la mère par la veine ombilicale, est versé dans la veine cave inférieure par le canal veineux, et cette veine cave le verse dans l'oreillette droite du cœur; une partie de ce sang entre dans le ventricule droit, et l'autre partie passe directement dans l'oreillette gauche, en traversant le trou de Botal, lequel n'existe que pendant la vie intra-utérine. Le sang du ventricule droit est chassé dans l'aorte par le canal artériel, et celui du ventricule gauche l'est aussi dans cette même aorte, qui le distribue dans tous les organes; après quoi, ce sang retourne, par les veines ombilicales, au placenta, où il se met en rapport avec le sang maternel et où, par conséquent, se trouve le siége de la *Respiration fœtale*, puisque la respiration consiste à revivifier le sang qui a servi à nourrir les organes.

Lorsque le Fœtus est né, tout change : le trou de Botal se ferme et tout le sang qui arrive à l'oreillette droite passe dans le ventricule droit; le canal artériel disparaît, et le sang du ventricule droit est chassé dans les poumons par l'artère pulmonaire pour être mis en contact avec l'air respiré. Ce même sang revient des poumons à l'oreillette gauche par les veines pulmonaires, et de là tombe dans le ventricule gauche, lequel le chasse dans l'aorte. Et ce sont les mouvements des ventricules combinés avec ceux des oreillettes qui constituent les battements du cœur.

# ORDRE DES MATIÈRES

Constitution et Tempérament, — État mental, — Habitudes, — Consanguinité.

## CHAPITRE III.

**FÉCONDATION** : — Dans les végétaux ; — dans les Animaux. — Génération fissipare. — Génération gemmipare. — Génération ovipare. — Génération considérée dans la série animale : — Appareils sexuels. — Phénomènes de la génération : — dans les Zoophytes, — dans les Mollusques, — dans les Articulés. — dans les Vertébrés — Parthénogénèse, — Génération alternante, — Fécondation artificielle, — Génération spontanée.

## CHAPITRE IV.

**FÉCONDATION considérée dans l'espèce humaine.** — Description et rôle des organes génitaux de l'Homme. — Description et rôle des organes génitaux de la Femme. — Hermaphrodisme. — Phénomènes de la Fécondation. — Rôle de l'Homme dans la Fécondation. — Rôle de la Femme dans la Fécondation. — Part d'action des organes de la Femme dans la Fécondation. — Phénomènes intimes de la Fécondation : — Peut-on créer des sexes a volonté ? — Fécondation artificielle de la Femme.

## CHAPITRE V.

**IMPUISSANCE.** — Impuissance chez l'Homme : — Absence de la verge, — Vices de conformation, — Altérations pathologiques et traumatiques, — Défaut d'érection, — Frigidité, — Moyens de remédier à l'Impuissance de l'Homme. — Impuissance chez la Femme : — par obstacle à l'intromission, — par frigidité. — Moyens de remédier à l'Impuissance chez la Femme.

22

## CHAPITRE X.

**GROSSESSE.** — Phénomènes relatifs au produit de la conception. — Phénomènes relatifs à la Femme. — ACCOUCHEMENT. — DÉLIVRANCE.

## CHAPITRE XI.

**ACCOUCHEMENT** : — Accouchement naturel. — Délivrance.

## CHAPITRE XII.

**LACTATION** : Anatomie du sein. — Qualités du lait. — Régime de la nourrice. — Sevrage.

Fig. 1

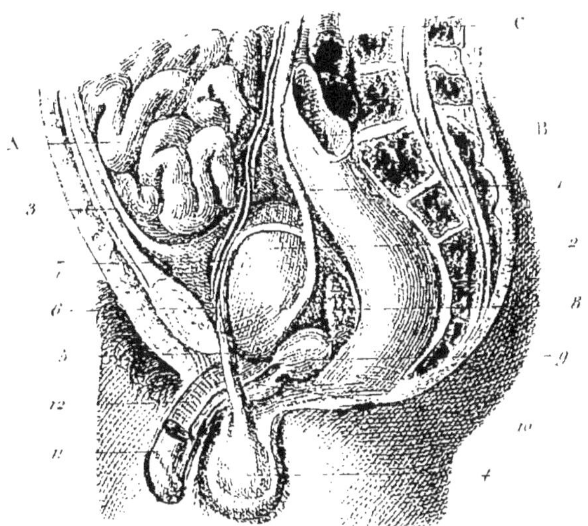


Fig. 2

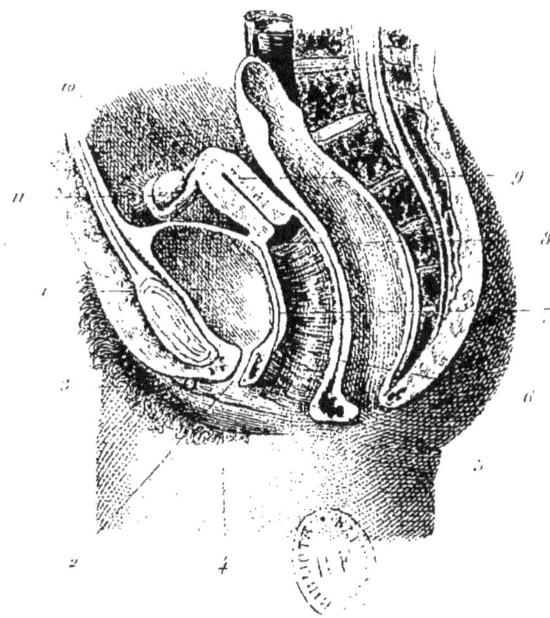

PL. II

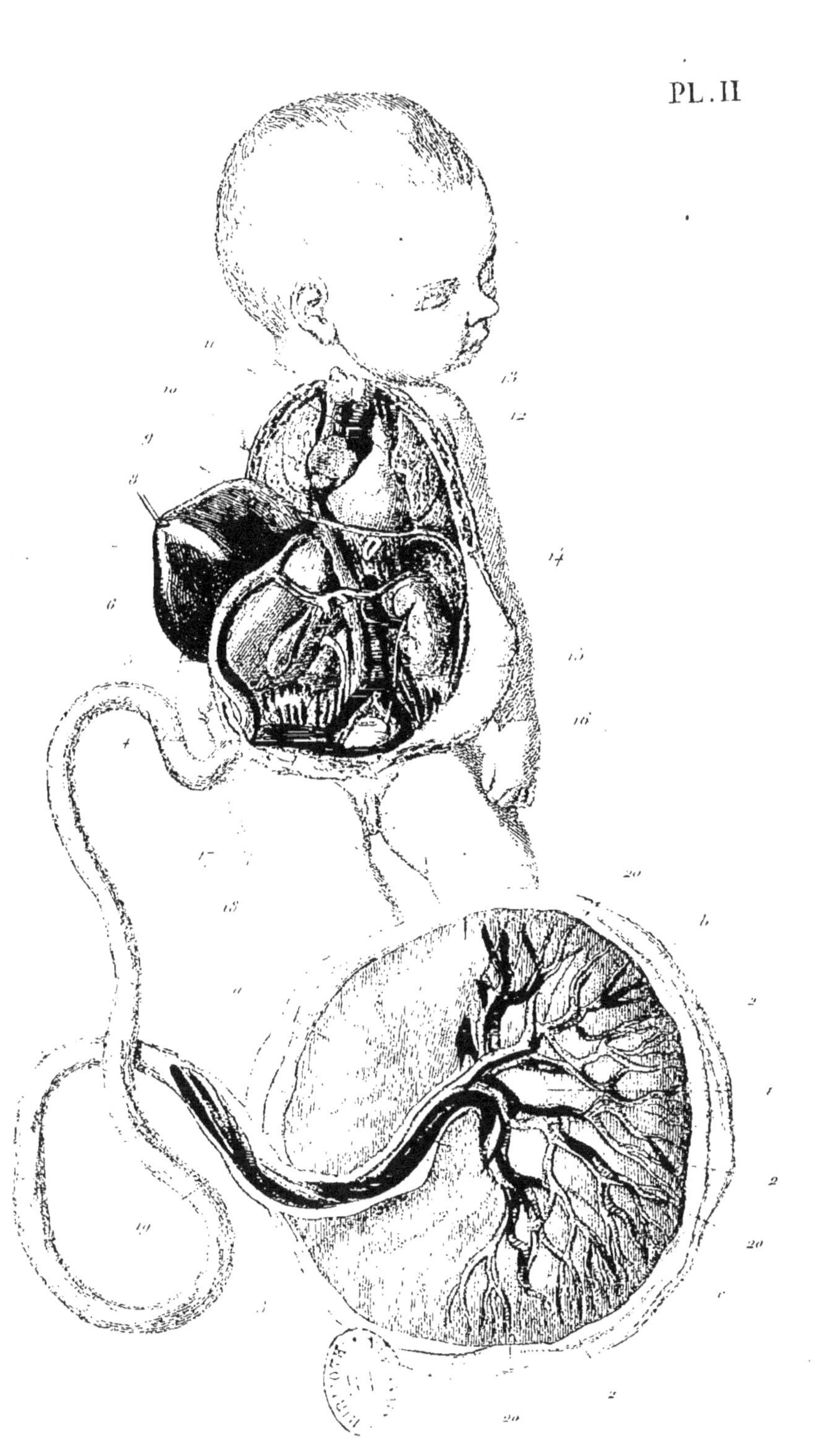

# TABLE DES MATIÈRES

FIN DE LA TABLE DES MATIÈRES.

## OUVRAGES DU MÊME AUTEUR :

**ANTHROPOLOGIE**, ou étude des *organes*, *fonctions* et *maladies* de l'homme et de la femme, comprenant l'ANATOMIE, la PHYSIOLOGIE, l'HYGIÈNE, la PATHOLOGIE, la THÉRAPEUTIQUE, et les principales NOTIONS MÉDICO-LÉGALES, etc. 2 vol. in-8 avec atlas de 20 planches d'Anatomie. *Sixième édition.* — Prix : colorié, 21 fr. ; en noir, 15 fr.

**TRAITÉ DES PLANTES MÉDICINALES**, précédé d'un *Cours de Botanique*, contenant la physiologie, la classification et les caractères des végétaux, des familles naturelles, etc.; l'histoire descriptive, médicale et industrielle des plantes ; leur emploi dans le traitement des maladies ; des notions générales sur la pathologie, etc , etc. 1 fort volume in-8, avec atlas séparé de 60 planches (1,100 dessins environ). — Prix : colorié, 22 fr. ; en noir, 13 fr.

**DICTIONNAIRE D'HISTOIRE NATURELLE**, comprenant les trois règnes minéral, végétal, animal ; la physiologie comparée des animaux, etc., etc. 3 vol. in-4 à 2 colonnes avec 1,000 figures intercalées dans le texte. — Prix : 27 fr. (Il reste peu d'exemplaires.)

**NOUVEAU COMPENDIUM MÉDICAL**, à l'usage des médecins praticiens, contenant : 1° un précis de *Pathologie générale*; 2° un Dictionnaire de *Pathologie interne*, avec les traitements formulés ; 3° un Dictionnaire de *Matière médicale* et de *Posologie*. 1 vol. gr. in-18 compacte CINQUIÈME ÉDITION. — Prix : 7 fr.

**L'ABEILLE MÉDICALE**, journal de médecine (32e année), paraissant tous les lundis et publiant chaque mois une REVUE SCIENTIFIQUE et une REVUE VÉTÉRINAIRE (3 journaux en un). — Prix : par an, 7 fr 50.

Tous ces ouvrages sont envoyés francs de port pour le prix marqué.

Adresser mandat postal à l'auteur, le Dr A. Bossu, rue Saint-Benoit, 5, à Paris.

Paris. — Typ. Walder, rue de l'Abbaye, 22.

## OUVRAGES DU MÊME AUTEUR :

—

**ANTHROPOLOGIE**, ou étude des *organes*, *fonctions* et *maladies* de l'homme et de la femme, comprenant l'ANATOMIE, la PHYSIOLOGIE, l'HYGIÈNE, la PATHOLOGIE, la THÉRAPEUTIQUE, et les principales NOTIONS MÉDICO-LÉGALES, etc. 2 vol. in-8 avec atlas de 20 planches d'Anatomie. *Sixième édition.* — Prix : colorié, 21 fr. ; en noir, 15 fr.

**TRAITÉ DES PLANTES MÉDICINALES**, précédé d'un *Cours de Botanique*, contenant la physiologie, la classification et les caractères des végétaux, des familles naturelles, etc.; l'histoire descriptive, médicale et industrielle des plantes ; leur emploi dans le traitement des maladies ; des notions générales sur la pathologie, etc , etc. 1 fort volume in-8, avec atlas séparé de 60 planches (1,100 dessins environ). — Prix : colorié, 22 fr. ; en noir, 13 fr.

**DICTIONNAIRE D'HISTOIRE NATURELLE**, comprenant les trois règnes minéral, végétal, animal ; la physiologie comparée des animaux, etc., etc. 3 vol. in-4 à 2 colonnes avec 1,000 figures intercalées dans le texte.— Prix : 27 fr. (Il reste peu d'exemplaires.)

**NOUVEAU COMPENDIUM MÉDICAL**, à l'usage des médecins praticiens, contenant : 1° un précis de *Pathologie générale*; 2° un Dictionnaire de *Pathologie interne*, avec les traitements formulés ; 3° un Dictionnaire de *Matière médicale* et de *Posologie*. 1 vol. gr. in-18 compacte. CINQUIÈME ÉDITION. — Prix : 7 fr.

**L'ABEILLE MÉDICALE**, journal de médecine (32° année), paraissant tous les lundis et publiant chaque mois une REVUE SCIENTIFIQUE et une REVUE VÉTÉRINAIRE (3 journaux en un). — Prix : par an, 7 fr. 50.

Tous ces ouvrages sont envoyés francs de port pour le prix marqué.

Adresser mandat postal à l'auteur, le Dr A. Bossu, rue Saint-Benoit, 5, à Paris.

Paris. — Typ. Walder, rue de l'Abbaye, 22.

www.ingramcontent.com/pod-product-compliance
Lightning Source LLC
LaVergne TN
LVHW010404240826
846091LV00019B/183

*9782014029000*